夢幻造型派

造型提案 × 調色技巧 × 精巧拆解 × 實作訣竅

零 基 礎 入 門

謝明瑾 著
Irene

我是諮商心理師，也是甜點師

我一直相信，有能力為別人做些事，越付出，就會越幸福，期許自己成為一個讓人感受到幸福的人。很剛好的，我的兩個職業，不論是心理師還是甜點師，都是在透過一種專業，讓人能告別負面情緒，變得更幸福快樂。

這本書集合了我跟 Irene 老師的專業，將蛋糕、餅乾、甜點、糖果們透過簡單的裝飾，變得更美、更可愛也更美味。希望大家能在跟著書手作的過程中，享受手作的樂趣，也能真的幫助大家開個特別的主題派對，跟更多親朋好友分享，創造更多的快樂。

成書期間，感謝優品出版社專業的團隊，帶領我，大家順利完成這本書。還記得討論書的方向那天，一群不認識的人，在第一次見面就很有默契地規劃出大綱和風格，以及封面的色調和設計，真的很不容易。好喜歡攝影師的照片們，還有編輯的文字與細心，以及美編在書中的設計與安排。

特別感謝烘焙小魔女杜佳穎老師的推薦，以及拍攝過程中的加油打氣，讓我能在工作之餘，撐過這段可怕的忙碌時光。最後，特別感謝我最親愛的學生嘉菱，在拍攝期間的協助，即使忙到三更半夜，也從來沒聽妳喊過累。

明瑾在此感謝有你們，讓這本書可以順利誕生！

謝明瑾

當上帝關了一扇門，必打開另一扇窗

　　幾年前一場人生的轉變，糖霜開啟了我的新人生，餅乾是我的畫布，糖霜就是我的畫筆。畫糖霜需要無比的耐心與專注力，每天投入大量的時間在畫糖霜上，就算腰酸背痛，也堅持把作品完成，當成品呈現眼前時，內心也是無與倫比的成就感。

　　「棉花糖」與「馬林糖」是與糖霜是完全不同的東西。起初在研究時，棉花糖講究時間快，馬林糖也是，對於做習慣慢步調的糖霜的我，就像從慢悠悠的步調快轉到都市生活一樣，突然要跟時間賽跑似的，失敗了一次又一次，在好奇心與堅持要完成的心態下，最終讓我成就了大家都喜愛的棉花糖與馬林糖作品。

　　這是一本內容多元化，集結我跟明瑾老師的巧思，內容包括：糖霜餅乾、棉花糖、馬林糖、翻糖蛋糕、奶油蛋糕、擠花、威化紙花、各種小甜點與蛋糕等，以及各種裝飾的技巧示範，讓你能做出最吸睛的派對點心。

　　感謝優品出版社專業優秀的團隊，給我這次機會，將自己的作品集結成書，呈獻給喜愛我的人。拍攝期間，辛苦美編跟攝影師陪我熬到半夜，美編的美感度，攝影師專業的拍攝，編輯的文字與細心，將每個單元作品都賦予了故事性。

　　特別感謝杜佳穎老師的引薦，讓我有機會以另一個角色，以作者的姿態在書上教導大家我的專長，期間也不斷的給予我加油鼓勵。感謝我的家人支持，在我最忙碌時，替我照顧女兒，感謝女兒給我的鼓勵，總是說「我媽媽很厲害喔，媽媽加油！」。最終，衷心感謝正在翻閱此書的您，希望這本書能為您的主題派對帶來歡樂。

CONTENT

8	A、基礎餅乾
10	B、海綿蛋糕
12	C、磅蛋糕
	C-1：柳橙奶油磅蛋糕
14	C-2：檸檬磅蛋糕
16	C-3：巧克力磅蛋糕
17	★進階：棒棒糖塑形蛋糕
18	D、泡芙
20	E、馬林糖的製作、調色
21	F、棉花糖
22	G、糖霜製作、濃度判斷
23	★拓圖
24	★基本技巧練習
	★硬性糖霜拉線
	★濕性糖霜填底
25	H、義式奶油霜
26	I、圓形蛋糕翻糖披覆
27	J、多邊形蛋糕翻糖披覆
28	★「翻糖知識家」染色、組合

Part **1**
派對準備

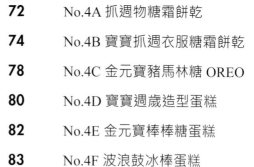

Topic 1
馬戲團動物派對

34　　No.1A 小丑糖霜餅乾

36　　No.1B 馬戲團動物造型棉花糖棒

40　　No.1C 馬戲團帳篷造型翻糖蛋糕

42　　No.1D 兔子造型翻糖杯子蛋糕

44　　No.1E 長頸鹿甜筒造型蛋糕

Topic 2
熱帶小島度假風格派對

48　　No.2A 雞蛋花馬林糖蛋糕插飾

50　　No.2B 紅鶴馬林糖蛋糕插飾

52　　No.2C 鳳梨馬林糖

54　　No.2D 熱帶風情蛋糕

56　　No.2E 高腳杯水果乳酪蛋糕

58　　No.2F 芒果椰奶方塊蛋糕

Topic 3
歡慶入學派對

62　　No.3A 文具黑板糖片糖霜餅乾

64　　No.3B 黑板造型蛋糕

66　　No.3C 藍色百褶裙杯子蛋糕

68　　No.3D 橘帽子馬林糖杯子蛋糕

Topic 4
寶寶滿週歲抓週派對

72　　No.4A 抓週物糖霜餅乾

74　　No.4B 寶寶抓週衣服糖霜餅乾

78　　No.4C 金元寶豬馬林糖 OREO

80　　No.4D 寶寶週歲造型蛋糕

82　　No.4E 金元寶棒棒糖蛋糕

83　　No.4F 波浪鼓冰棒蛋糕

Topic 5
精品時尚風格派對

86　　No.5A 典雅邀請函糖霜餅乾

88　　No.5B 酒瓶糖霜餅乾

90　　No.5C 精品袋糖霜餅乾

92　　No.5D 禮物盒造型翻糖蛋糕

94　　No.5E 玫瑰奶酪

96　　No.5F 時尚包包造型杯子

Topic 6
聖誕節派對

100　No.6A 立體糖霜聖誕屋

104　No.6B 聖誕翻糖餅乾

106　No.6C 聖誕老人糖霜餅乾

108　No.6D 聖誕熊熊造型蛋糕

110　No.6E 聖誕樹奶油霜杯子蛋糕

112　No.6F 松果造型小泡芙

Topic 7
萬聖節派對

116　No.7A 南瓜掃把造型馬林餅乾棒

118　No.7B 南瓜棉花糖

120　No.7C 萬聖造型糖霜餅乾

124　No.7D 小魔女造型蛋糕

126　No.7E 木乃伊造型棒棒糖蛋糕

128　No.7F 巫師造型蛋糕

Topic 8
甜美鄉村婚禮派對

132　No.8A 捧花糖霜餅乾

134　No.8B 婚戒糖霜餅乾

136　No.8C 蕾絲糖霜餅乾

138　No.8D 真花雙層裸蛋糕

140　No.8E 珍珠糖迷你泡芙

141　No.8F 玫瑰花杯子蛋糕

Topic 9
典雅中式復古婚禮派對

144　No.9A 囍字小花餅乾

146　No.9B 牡丹糖霜刺繡餅乾

148　No.9C 招財貓棉花糖

151　No.9D 鶴囍蛋糕

152　No.9E 牡丹蛋糕

154　No.9F 龍眼甜米糕

Topic 10
皇家公主夢幻婚禮派對

158　No.10A 皇冠糖霜餅乾

160　No.10B 禮服糖霜餅乾

162　No.10C 玫瑰花棒馬林糖

164　No.10D 皇家風格三層婚禮蛋糕

168　No.10E 皇冠甜甜圈造型蛋糕

170　No.10F 莓果乳酪慕斯杯

Part 1
派對準備

派對開始前的準備工程，想想就令人頭皮發麻，躑躅卻步。這次我們以類別分類，用詳盡的說明備妥各項基底，方方面面，仔細說明旅程的所有注意事項。
Are you ready？
航向奇幻之海吧！

A. 基礎餅乾

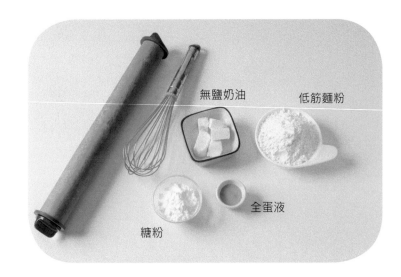

無鹽奶油　低筋麵粉
全蛋液
糖粉

● 材料

無鹽奶油	50g
糖粉	30g
全蛋液	15g
低筋麵粉	100g

● 作法

01 無鹽奶油切成小塊，
　 室溫軟化至可壓出指
　 痕之程度，倒入鋼盆。

02 加入過篩糖粉，打蛋
　 器以畫圓方式拌勻。

03 加入全蛋液，打蛋器
　 以畫圓方式拌勻，拌
　 至蛋液被奶油吸收。

04 加入過篩低筋麵粉，
　 先用刮刀切拌均勻，
　 再沿著鋼盆邊緣用
　 手輕捏成團。

05 麵團放上烤焙墊，表面鋪保鮮膜，擀至厚度約 0.6 公分，保鮮膜妥善包覆。

06 連烤焙墊、麵團、保鮮膜一同放入烤盤，冷凍至少 30~60 分鐘。

07 放上桌面取下保鮮膜，用模具壓出形狀。

★ 壓模模具可依製作主題、個人喜好調整。

08 烤盤鋪上烤焙墊，麵團脫模，間距相等排入烤盤。

09 送入預熱好的烤箱，上火 170/下火 160℃，烤20分鐘，出爐放涼。

POINT!

★ 做好的餅乾如何保存才不會受潮？

Ans: 放入保鮮盒中，常溫可以放 14 天，建議裡面放一個食物乾燥包，避免餅乾發霉。

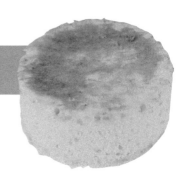

B. 海綿蛋糕

- 材料 (單位 : g)

	4 吋 (1 顆)	6 吋 (1 顆)	8 吋 (1 顆)	10 吋 (1 顆)
全蛋液	97	180	270	432
細砂糖	49	90	135	216
低筋麵粉	39	72	108	173
白美娜濃縮牛乳	19	36	54	86

- 作法

01 攪拌缸加入全蛋液、細砂糖,快速拌勻。

02 隔水加熱至 42°C,用球形攪拌器打發至濃稠狀。

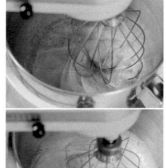

POINT!

★ 拿起球形攪拌器紋路可停留 3~5 秒,不會立即消失。

03 分次加入過篩低筋麵粉,混合均勻。

04 加入白美娜濃縮牛乳，拌合均勻。

05 模具底部鋪上一張裁好的白報紙，倒入麵糊；竹籤從中心往旁邊刮，確保每個角落都有麵糊（避免烤出來有坑洞），把大氣泡消除。

POINT!

★ 如果用四方烤盤的話，烤盤內需鋪白報紙，麵糊倒入九分滿，竹籤從中心往旁邊刮，確保每個角落都有麵糊（避免烤出來有坑洞），把大氣泡消除。

06 重敲模具，送入預熱好的烤箱，上火 180°C / 下火 150°C，烤 25~35 分鐘。

07 出爐重敲，倒扣放涼。

↑ 重敲

POINT!

★ 重敲是為了讓蛋糕內的熱氣散出。

★ 為什麼蛋糕要倒扣？

Ans: 海綿蛋糕及戚風蛋糕能有蓬鬆的蛋糕體，靠的是打蛋糕糊的過程中產生的小氣體，這使蛋糕糊在烘烤時能膨脹，可是小氣體的支撐力較差，因此我們會在蛋糕出爐時，倒扣冷卻蛋糕，使蛋糕不會因此回縮、甚至塌陷，進而影響蛋糕的口感及外觀。

08 手於側邊下壓，分離黏住模具的側邊蛋糕體，脫模，將底部白報紙撕除，切去頂部，完成。

C. 磅蛋糕

柳橙奶油磅蛋糕　★ 六吋圓模 1 顆之配方，中型杯子蛋糕紙模可做 12 個／大型可做 6~7 個。

材料 (單位:g)	4 吋 (1 顆)	6 吋 (1 顆)	8 吋 (1 顆)	10 吋 (1 顆)
無鹽奶油	102	170	306	476
細砂糖	96	160	288	448
鹽	4	6	11	17
全蛋液	108	180	324	504
低筋麵粉	135	225	405	630
泡打粉	2	3	5	8
柳橙汁	30	50	90	140

• 作法

01 無鹽奶油切成小塊，室溫軟化；低筋麵粉、泡打粉過篩。

02 攪拌缸加入無鹽奶油、細砂糖、鹽，槳狀攪拌器先用慢速打到奶油軟化，再轉中速打至蓬鬆泛白。

03 全蛋液分次加入攪拌缸（每次都要拌到材料完全融合，才可再加），拌至滑順狀。

POINT!

★ 如果加太快，材料呈油水分離狀態，可以先加入一些粉類，讓麵糊恢復滑順的質地，再繼續把蛋液加完。

04 分次加入過篩的低筋麵粉及過篩的泡打粉拌勻。

05 加入柳橙汁拌勻，拌至均勻即可，不需過度攪拌。

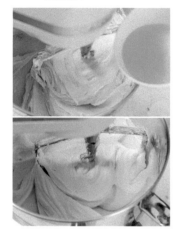

POINT*!*

★ **萬一攪拌過度會發生什麼狀況呢？**

Ans: 蛋糕糊中加入麵粉後，要防止長時間的攪拌，攪拌過度可能會讓麵筋形成，或者讓麵糊中的小氣泡消失，這樣的蛋糕糊烤好後的成品會比較不膨鬆，口感偏硬，也可能在倒扣放涼時回縮，甚至掉落。

06 模具底部鋪一張白報紙，麵糊倒入約七、八分滿，竹籤從中心往旁邊刮，確保每個角落都有麵糊，重敲模具。

↑ 重敲

07 送入預熱好的烤箱，上下火 160℃ 烤 20 分鐘，轉向，以上下火 180℃ 再烤約 15 分鐘（上色關上火），烤熟。

08 出爐放涼，手於側邊下壓，稍微分離黏住模具的側邊蛋糕體，脫模，撕下底部的白報紙。

（續下頁）

（承前頁）

C-2 檸檬磅蛋糕

- 材料（單位：g）

材料	4 吋（1 顆）	6 吋（1 顆）	8 吋（1 顆）	10 吋（1 顆）
無鹽奶油	148	246	442	738
細砂糖	111	185	333	555
全蛋液	126	210	378	11
低筋麵粉	114	190	342	567
玉米粉	40	66	119	195
泡打粉	6	10	18	30
檸檬汁	18	30	54	87

★ 六吋圓模 1 顆之配方，中型杯子蛋糕紙模可做 12 個／大型可做 6~7 個。

- 作法

01 無鹽奶油切成小塊，室溫軟化；低筋麵粉、泡打粉過篩。

02 攪拌缸加入無鹽奶油、細砂糖，槳狀攪拌器先用慢速打到奶油軟化，再轉中速打至蓬鬆泛白。

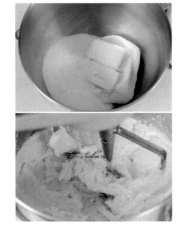

03 全蛋液分次加入攪拌缸（每次都要拌到材料完全融合，才可再加），拌至滑順狀。

▼

POINT!

★ 如果加太快，材料呈油水分離狀態，下一步加入粉類時就可以均勻，無需太過擔心。

↑ 油水分離的狀態

04 分次加入過篩低筋麵粉、過篩玉米粉、過篩泡打粉拌勻。

05 加入檸檬汁拌勻,拌至均勻即可,不需過度攪拌。

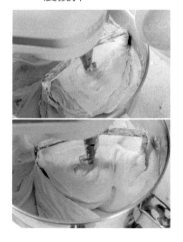

06 模具底部鋪一張白報紙,麵糊倒入約七、八分滿,竹籤從中心往旁邊刮,確保每個角落都有麵糊,重敲模具。

↑ 重敲

07 送入預熱好的烤箱,上下火 160℃ 烤 20 分鐘,轉向,以上下火 180℃ 再烤約 15 分鐘(上色關上火),烤熟。

08 出爐放涼,手於側邊下壓,稍微分離黏住模具的側邊蛋糕體,脫模,撕下底部白報紙(杯子蛋糕不用)。

(續下頁)

（承前頁）

C-3 巧克力磅蛋糕

材料 (單位：g)	4吋（1顆）	6吋（1顆）	8吋（1顆）	10吋（1顆）
全蛋	108	180	324	504
細砂糖	78	130	234	364
無鹽奶油	90	150	270	420
萊姆酒	6	10	18	28
低筋麵粉	60	100	180	280
可可粉	18	30	54	84
泡打粉	0.5	1	2	3

★ 六吋圓模 1 顆之配方，中型杯子蛋糕紙模可做 12 個 / 大型可做 6~7 個。

● 作法

01 過篩低筋麵粉、可可粉、泡打粉。

02 攪拌缸加入全蛋、細砂糖，快速拌勻。

03 隔水加熱至 42°C，打發至濃稠狀，打至球形攪拌器拿起紋路可停留 3~5 秒，不會立即消失。

↑ 紋路不會立即消失

04 無鹽奶油隔水加熱融化，加入萊姆酒拌勻，保溫。

05 作法 3 分次拌入過篩低筋麵粉、過篩可可粉、過篩泡打粉。

06 加入保溫的作法 4 奶油及萊姆酒，拌勻。

07 擠入中型杯子蛋糕紙模中（或底部鋪上白報紙的六吋圓模），麵糊倒入約七、八分滿，竹籤從中心往旁邊刮，確保每個角落都有麵糊，重敲。

↑ 重敲

08 送入預熱好的烤箱，以上火 170°C/ 下火 150°C，烤 35~40 分鐘（上色關上火），烤熟。

09 杯子蛋糕出爐放涼（六吋圓形模放涼後手於側邊下壓，稍微分離黏住模具的側邊蛋糕體，脫模，撕下底部白報紙）。

★ 進階：棒棒糖塑形蛋糕

- 材料

磅蛋糕體 150g（P.12~16 磅蛋糕體任選）
白巧克力 70g

- 作法

01　雙手戴上手套，把磅蛋糕體捏成小塊。

02　再捏成碎屑狀。

03　白巧克力隔水加熱融化，倒入作法 2 中。

04　用手抓勻。

05　揉捏塑形成想要的樣式（或緊實的壓入模具中）。

06　放上鐵盤。

07　送入冰箱冷藏，冰到變硬。

08　冰到定型後，插入紙棍（或冰棒棍）。

P.82 金元寶
棒棒糖蛋糕

P.126 巫師
造型蛋糕

P.128 木乃伊
造型棒棒糖蛋糕

接下來就可以
自由應用囉！

17

D. 泡芙

材料

水	60g
白美娜濃縮牛乳	60g
鹽	1g
細砂糖	2g
無鹽奶油	50g
低筋麵粉	65g
全蛋	120g
珍珠糖	適量

↑ 本配方份量可製作專業烤箱半盤「P.140 珍珠糖迷你泡芙」

↑ 與 1/3 盤「P.112 松果造型小泡芙」

作法

01 烤箱預熱上火 200°C / 下火 180°C；烤盤鋪烤盤墊。

02 有柄鋼鍋加入水、白美娜濃縮牛乳、細砂糖、鹽、無鹽奶油，中火煮至沸騰。

03 加入過篩低筋麵粉，中火持續加熱拌勻，拌至成不沾鍋的麵團，熄火。

04 稍微放涼至麵團不燙手，分次加入打散的全蛋，拌至麵團完全吸收蛋液，才可再加。

05 全蛋液全部拌勻後，用刮刀舀起，確認麵糊是否呈倒三角、緩慢流下之程度。

06 麵糊裝入擠花袋，以1公分平口花嘴擠直徑約3公分的小圓／小花圈。

↑ 造型變化

07 表面噴水，小圓造型撒珍珠糖；手指沾水，輕輕壓下小花圈尖立處。

↑ 輕壓尖立處，使珍珠糖附著

08 入爐烘烤20分鐘後，改上火180℃/下火160℃（若已微微上色，上火略調降至160℃，下火不變），續烤10~20分鐘，烤熟後出爐放涼。

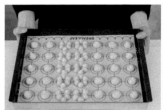

- 材料

蛋白	35g
細砂糖	35g
糖粉	35g

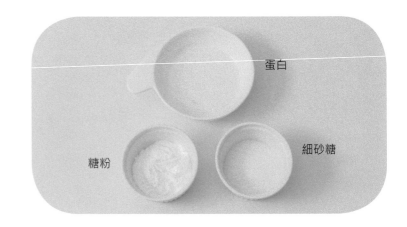

糖粉　　　細砂糖　　　蛋白

- 作法

01　細砂糖倒入蛋白中。

02　隔水加熱至砂糖完全溶解於蛋白中。

03　關火(或離開爐火)，打發至尖挺。

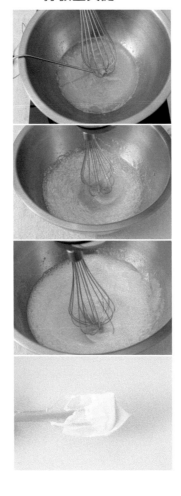

04　加入過篩糖粉，用橡皮刮刀切拌均勻。

★ 參考產品製作造型，需烘烤後才可食用。

F. 棉花糖

- 材料 A

蛋白	35g
細砂糖	30g

- 材料 B

水	30g
水麥芽	10g
細砂糖	25g

- 材料 C

吉利丁片	3 片

- 作法

01 烤盤鋪上烘焙紙，篩上玉米粉撲平。

02 材料 C 吉利丁片一片一片泡入冰水，泡約 3~5 分鐘，擠乾水分備用。

03 乾淨鋼盆加入材料 A，打發至彎勾狀。

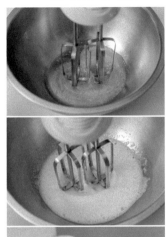

04 材料 B 混合加熱至 110°C 溶化。

05 加入作法 2，離火加入作法 3 打發至不滴落。

06 將打發好的棉花糖糊隔溫水加熱保溫。

07 裝入擠花袋，刮板往內刮，頂端剪一個口子，把材料往內刮。

★ 棉花糖材料是熟的，已可以食用，參考產品製作造型後，冷藏定型，定型後篩玉米粉，用筆把多餘的粉刷掉。

G. 糖霜製作、濃度判斷

糖粉

蛋白霜粉

水

- **材料**

糖粉	150g
蛋白霜粉	12g
水	18g

- **作法**

01 過篩蛋白霜粉、過篩糖粉、水，一起放入攪拌盆裡打發至勾勾尖挺。

↑ 硬性糖霜適用於勾邊裝飾

糖霜的濃度判斷

02 （右圖）打發完勾勾尖挺的糖霜，稱為「硬性糖霜」適用於勾邊裝飾。將打發尖挺的糖霜（硬性糖霜）逐次加入開水攪拌均勻，刮刀在糖霜中間劃一下，分隔出現一條線（或拉出一條判斷線），數 15 秒後判斷線消失，稱為「流性糖霜」適用於填滿平面。

03 裝入擠花袋就可以使用了。

↑ 流性糖霜適用於填滿平面

★ 拓圖

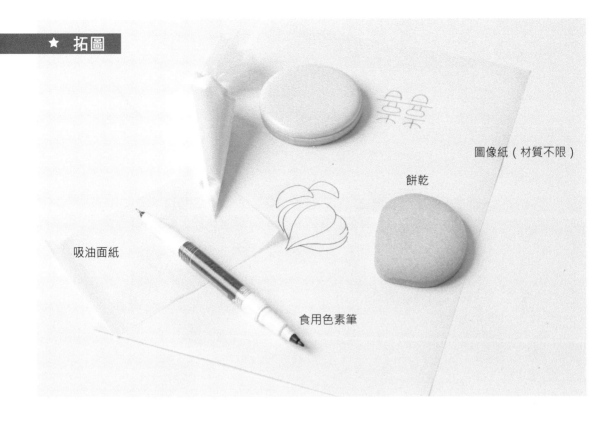

圖像紙（材質不限）

餅乾

吸油面紙

食用色素筆

• 作法

01 吸油面紙底部墊圖像
紙，用食用色素筆開
始描圖。

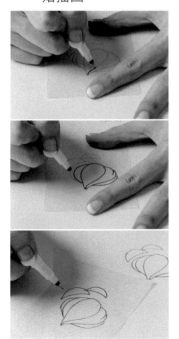

02 放上餅乾，再描一次。

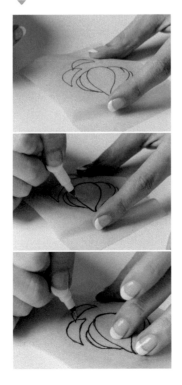

03 餅乾表面會有若隱若
現的紋路，再用食用
色素筆加強線條。

04 於餅乾表面、烘乾糖
霜上拓圖方法都一樣。

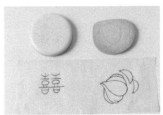

（續下頁）

（承前頁）

基本技巧練習	硬性糖霜拉線	流性糖霜填底

基本技巧練習

01 烘焙紙畫上兩條直線、一個圓圈，表面墊透明片。

02 練習擠出不斷的直線，練到穩定、線不會斷斷續續。

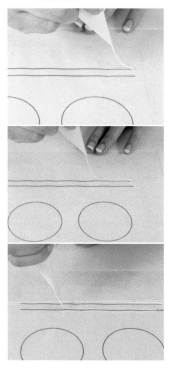

03 再練習幾圓形。

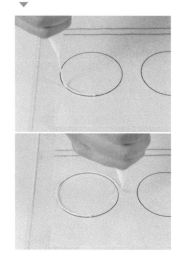

硬性糖霜拉線

01 參考【P.8 基礎餅乾】準備烘烤完畢之餅乾，形狀依照製作主題變化。

02 應用【基本技巧練習】，擠出不斷、粗細一致的線條，然後框出造型的外框。

流性糖霜填底

01 硬性糖霜框出外框後，用流性糖霜填滿區塊，針筆或牙籤快速旋轉調整糖霜分布，並將糖霜氣泡刺破。

02 ★ 跳格填滿：
使用「跳格填滿」技巧能讓相連的格子有層次；先填滿不相連的格子，烘乾，再繼續填滿剩下的格子。

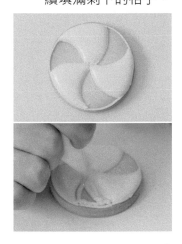

H. 義式奶油霜

- 材料 A

蛋白	145g
細砂糖（A）	60g
水	50g
細砂糖（B）	120g
無鹽奶油	450g

- 作法

01 無鹽奶油室溫軟化。如果沒有軟化的話，攪打時會呈現豆渣狀態。

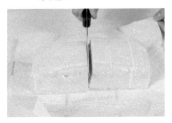

POINT!

★ 一直打也可以得到想要的程度，但注意不要過度攪打。

02 攪拌缸加入蛋白、細砂糖（A）打至約七、八分發，蛋白霜還有濕潤感。

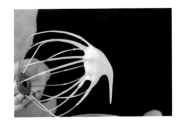

03 有柄鋼鍋加入水、細砂糖（B），小火煮至 120℃，煮的期間不需攪拌，可用手腕轉動鍋子，調整鍋內材料位置，使糖漿受熱均勻。

04 作法 3 沿著鍋邊沖入作法 2 中，機器轉快速打至蛋白霜綿密、細緻。

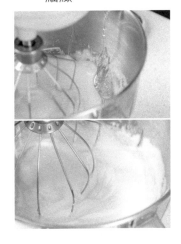

05 慢慢加入無鹽奶油，打至奶油霜呈現光滑、滑順的狀態。

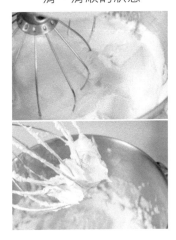

- 材料

市售托底（已披覆翻糖）
義式奶油霜（或食用膠水）
市售白色翻糖

★「圓形蛋糕翻糖披覆」以保麗龍代替蛋糕體示範，內文依舊以「蛋糕體」敘述。

- 作法

01 雙手搓揉翻糖，讓材料軟化後續較好操作，表面如有泡泡，可用牙籤戳破。

02 桌面與市售白色翻糖撒上玉米粉(防沾黏)，以擀麵棍擀開，底部如有黏住，先用刮板鏟起翻糖，桌面再撒玉米粉。

03 擀至所需的厚薄、長度（測量蛋糕整體長度，決定規格）。

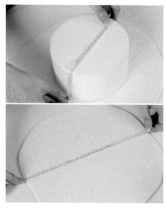

04 蛋糕體抹義式奶油霜（或食用膠水），擀麵棍移動翻糖，披上蛋糕。

05 表面輕擀一下，讓蛋糕與翻糖確實黏合，側邊由上貼緊，一圈一圈往下把翻糖貼平。

POINT!

★ 披覆如果都放在桌面（沒用蛋糕轉盤）不要因為順手，轉動蛋糕體，轉動會產生空隙，也會讓翻糖破裂。

▼

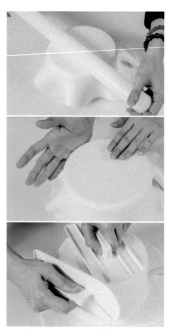

06 將多餘翻糖切除。市售托底表面先披覆好翻糖後，塗上食用膠水（或奶油霜）再上披覆好的蛋糕。

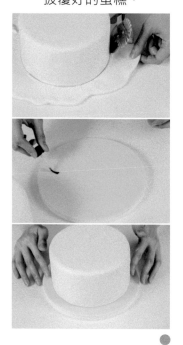

J. 多邊形蛋糕翻糖披覆

• 材料

市售托底 (已披覆翻糖)
義式奶油霜 (或食用膠水)
市售白色翻糖

★「多邊形蛋糕翻糖披覆」以
保麗龍代替蛋糕體示範，內文
依舊以「蛋糕體」敘述。

• 作法

01 使用圓形蛋糕體，測
量後裁切成多邊形。

02 雙手搓揉翻糖，讓材
料軟化後續較好操作。

03 桌面撒上玉米粉 (防沾
黏)，以擀麵棍擀開，
表面如有泡泡，可用牙
籤戳破；底部如有黏
住，先用刮板鏟起翻
糖，桌面再撒玉米粉。

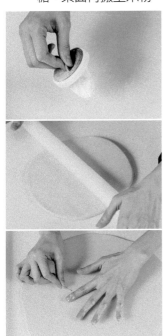

04 擀至所需的厚薄、長
度 (測量蛋糕整體長
度，決定規格)。

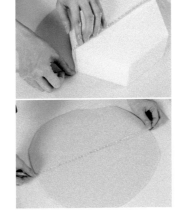

05 蛋糕體抹奶油霜，擀
麵棍移動翻糖，披上
蛋糕。

06 表面輕擀一下，讓蛋
糕與翻糖確實黏合，
側邊由上貼緊，一圈
一圈往下把翻糖貼平。
▼

POINT!

★ 披覆如果都放在桌面 (沒用蛋
糕轉盤) 不要因為順手，轉動蛋
糕體，轉動會產生空隙，也會讓
翻糖破裂。

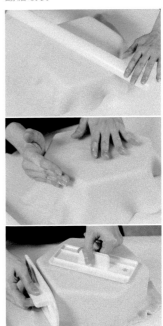

07 將多餘翻糖切除。市
售托底表面先披覆好
翻糖後，塗上食用膠
水 (或奶油霜) 再上
披覆好的蛋糕。

01　本書皆使用「市售白色翻糖」，品質跟狀態會比較穩定。

02　翻糖的染色取「食用性色素」與「市售白色翻糖」混勻。建議初學者染色時不要倒太多色素，每次倒一點揉勻，觀察色膏、翻糖用量的多寡會染出多深的麵團。

03　翻糖配件組合前，皆需於接合處刷食用膠水(或水)，組合後才能黏起來，沒刷待翻糖乾燥會黏不住脫落。

04　食用膠水：1g 的泰勒斯粉＋50g 溫水混合均勻，放隔夜即可使用。

05　大型配件組合(如頭與身體)會用牙籤在中心作支撐。方法是用牙籤貫穿身體與頭，身體底部刷食用膠水(或水)，固定在翻糖蛋糕上。

POINT!

★ 披覆如果都放在桌面(沒用蛋糕轉盤)不要因為順手，轉動蛋糕體，轉動會產生空隙，也會讓翻糖破裂。

06　要製作漂浮效果時，可以用白鐵絲穿過翻糖，再固定於翻糖蛋糕上，注意後方要有東西靠著，否則不夠穩固移動時會倒下。反重力蛋糕也可以用同樣的概念製作，只是注意頂部物體要輕(如喝完的鐵鋁罐)。

Memo

Topic 1.馬戲團動物派對

Topic 2.熱帶小島度假風格派對

Topic 3.歡慶入學派對

Topic 4.寶寶滿週歲抓週派對

Topic 5.精品時尚風格派對

Part 2

派對開始

前方有數不盡的冒險等著
你！
跨越妖魔之海，航向世界
盡頭。
與手中的作品對話，賦予
她獨一無二的靈魂。

Topic 6.聖誕節派對

Topic 7.萬聖節派對

Topic 8.
甜美鄉村婚禮派對

Topic 9.
典雅中式復古婚禮派對

Topic 10.
皇家公主夢幻婚禮派對

1 馬戲團動物派對

No.1A
小丑糖霜餅乾 　基礎餅乾＋糖霜

● 作法

01 白色流性糖霜填滿餅乾，烘乾，拓圖。

02 流性糖霜以跳格填滿方式分次填滿區塊。

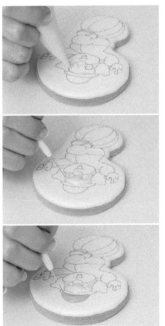

03 帽子跟褲子填上流性糖霜並黏上裝飾造型糖，烘乾。

04 流性糖霜以跳格填滿的方式分次填滿各區塊，糖霜針筆微調，烘乾。

05 流性糖霜以跳格填滿
方式分次填滿各區塊
（衣服先上紫色濕性
糖霜，再橫向擠黃色
濕性糖霜），糖霜針
筆微調，烘乾。

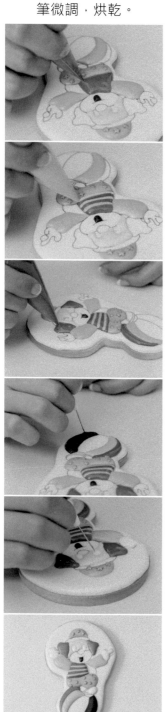

06 流性糖霜以跳格填滿
方式分次填滿各區
塊，糖霜針筆微調，
烘乾。

07 硬性糖霜套上花嘴，
擠出袖子跟衣領，
烘乾。

08 擠上硬性糖霜。

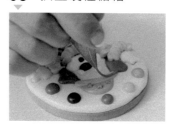

09 細筆沾色膏，修飾描
繪眉毛與外框細部。

馬戲團動物造型棉花糖棒 棉花糖

獅子

白熊

大象

● 白熊作法

01 擠一小點棉花糖糊，放上紙吸管，擠出圓形。

02 等待表面稍乾後，擠上耳朵、鼻子。

03 黃色擠出耳廓。

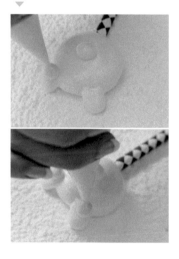

04 紅色擠出帽子。

05 橘色擠帽子裝飾。

06 黏上裝飾造型糖，冷藏 30 分鐘。

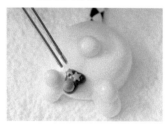

07 細筆沾色膏，描繪五官，篩上玉米粉，刷去多餘的粉類，刷上腮紅色粉。

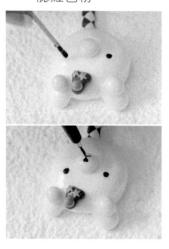

（續下頁）

● 大象作法

01 擠一小點棉花糖糊，放上紙吸管，擠出圓形。

02 等待表面稍乾後，擠上耳朵、鼻子。

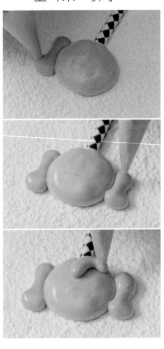

03 奶白色擠出耳廓。

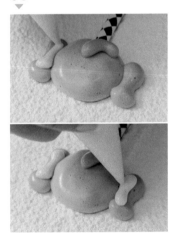

04 紅色擠出帽子。

05 橘色擠帽子裝飾。

06 黏上裝飾造型糖，冷藏 30 分鐘。

07 牙籤沾色膏，描繪五官，篩上玉米粉，刷去多餘的粉類，刷上腮紅色粉。

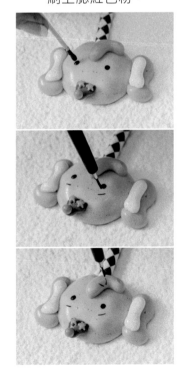

獅子作法

01 擠一小點棉花糖糊，放上紙吸管，擠出圓形。

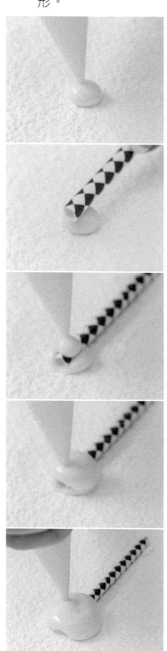

02 等待表面稍乾後，擠上鼻子、毛髮。

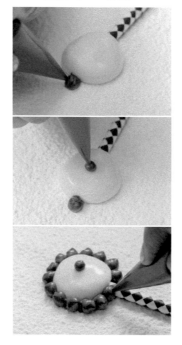

03 奶白色擠出耳朵。

04 紅色擠出帽子，橘色擠帽子裝飾，黏上裝飾造型糖，冷藏30分鐘。

▼

05 細筆沾色膏，描繪五官，篩上玉米粉，刷去多餘的粉類，刷上腮紅色粉。

馬戲團帳篷造型翻糖蛋糕 翻糖蛋糕

各色翻糖
適量

檸檬磅蛋糕體
（八吋）1顆
（已披覆）

市售托底（已
披覆翻）

配件一覽 ▶

● 作法

01 參考配件圖備妥各
部件。

02 撒玉米粉防沾黏，
紅色翻糖擀開修邊，
放上白色翻糖條，擀
開，頂端按壓一下。

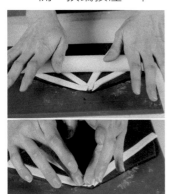

03 沾食用膠水（或水）
組合配件。

04 用白鐵絲穿過翻糖，
再刷食用膠水（或
水）固定於翻糖蛋糕
上，注意後方要有東
西靠著，否則不夠
穩固移動時會倒下。

05 沾食用膠水（或水）
組合配件，氣球下
方用食用色素筆繪
製線條。

兔子造型翻糖杯子蛋糕 杯子磅蛋糕＋翻糖

● 材料

柳橙奶油磅蛋糕
（ P.12 ）
（ 杯子蛋糕紙模 ）

義式奶油霜　　　120g
（ P.25 ）

苦甜巧克力　　　60g

各色翻糖　　　　適量

● 作法

01 兔子翻糖：捏出圓形
當頭；貼上黑球當
眼睛；白球當鼻子；
嘴巴用工具壓出。

02 擀開翻糖，用切的方
式製作一片白、一片
粉做耳朵，搭配工具
組合。

03 捏出手部外型，用工
具壓出指節；衣服用
圓形花邊模具壓模，
切壓造型。

04 蝴蝶結塑形後組合，
用工具壓出凹紋。沾
食用膠水（或水）組
合配件。

05 用工具微調整體。

06 苦甜巧克力隔水加熱
融化，降溫至手摸不
燙。

07 與義式奶油霜拌勻，
裝入擠花袋中，使用
韓國 #121 花嘴。

08 在杯子蛋糕上擠出花
瓣。

09 放上翻糖製作的兔子。

長頸鹿甜筒造型蛋糕 棒棒糖塑形蛋糕 + 翻糖

● 材料

市售迷你巧克力甜筒	適量
棒棒糖塑型蛋糕（P.17）	適量
各色翻糖	適量

● 作法

01 黃色翻糖擀圓片，中心放棒棒糖塑型蛋糕，雙手往上推，密合包覆，盡量包到裡面沒有空氣。

02 橘色翻糖擀開，用花型模具壓模，刷食用膠水（或水），放上作法1圓球。

03 製作長頸鹿配件，做出眼睛、耳朵、鼻子、斑點、角；先把眼睛、鼻子、嘴巴定位組裝。

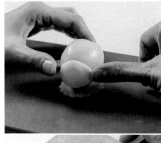

04 頭頂放上迷你甜筒當派對帽子裝飾（可以搭配派對主題，用色紙圍住甜筒，膠帶貼起，這樣看起來更有顏色變化）；再將所有配件依序組裝，用工具微調整體造型。

2 熱帶小島度假風格派對

雞蛋花馬林糖蛋糕插飾 馬林糖

● 作法

01 擠一小點馬林糖糊，
   放上竹籤。

02 白色馬林糖糊以擠水
   滴方式朝中心擠出五
   片花瓣。

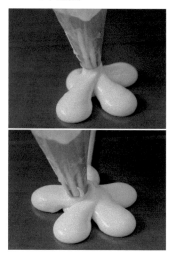

03 烘乾，擠出白色線條。

04 擠出綠色葉子，送入
   預熱好的烤箱，以上
   下火 80°C 烤到輕撥
   可以拿下馬林糖，不
   會黏在烘焙紙上。

05 將烘乾後的白色雞蛋
   花瓣中心刷上黃色色
   粉，再用橘色色粉刷
   出花心。

紅鶴馬林糖蛋糕插飾 馬林糖

● 作法

01 擠一小點馬林糖糊，
放上竹籤。

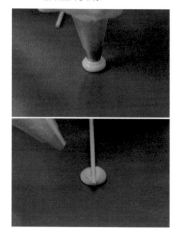

02 一氣呵成擠出紅鶴的
造型。

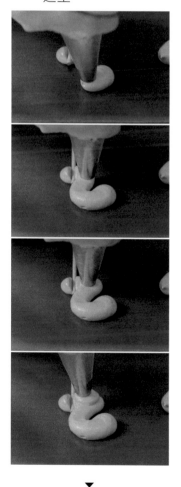

03 馬林糖染色，套上
PME 的 ST52 花嘴，
擠出羽毛。

04 染出黃色擠嘴巴，送
入預熱好的烤箱，以
上下火 80°C 烤到輕撥
可以拿下馬林糖，不
會黏在烘焙紙上。

05 用硬糖霜製作花朵裝
飾；竹炭粉加入飲用
水，用細筆畫出眼睛
與嘴巴，最後用黃色
妝點。

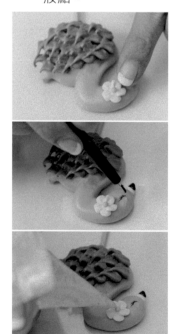

鳳梨馬林糖 馬林糖

● 作法

01 黃橘色馬林糖糊擠圓柱形。

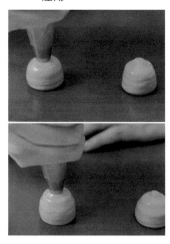

02 馬林糖糊裝入三名治袋，前沿剪一個小洞，擠菱格紋。

03 綠色馬林糖糊裝入三明治袋，前沿剪一小洞，擠出鳳梨葉子。

04 送入預熱好的烤箱，以上下火 80℃ 烤到輕撥可以拿下馬林糖，不會黏在烘焙紙上。

熱帶風情蛋糕

- 柳橙藍莓果凍六吋

新鮮柳橙	2 顆
新鮮藍莓	80g
柳橙汁	480g
細砂糖	60g
檸檬汁	20g
吉利丁片	25g

① No.2B 紅鶴馬林糖蛋糕插飾　　④ 柳橙藍莓果凍六吋
② No.2A 雞蛋花馬林糖蛋糕插飾　　⑤ 檸檬磅蛋糕 (八吋) 1 顆 + 義式奶油霜 (染色)
③ 新鮮水果

● 作法

01 六吋慕斯框以保鮮膜包好底部；新鮮柳橙洗淨，一顆切薄片，沿著慕斯框邊緣排一圈；另一顆切柳橙果肉丁，與新鮮藍莓一同放入慕斯框中。

02 吉利丁片用冰水泡軟，擠乾備用。

03 有柄鋼鍋加入柳橙汁、細砂糖，小火煮至糖融化。

04 熄火，加入檸檬汁拌勻，降溫至60℃以下，加入泡軟擠乾的吉利丁片，拌至材料確實溶解。

05 倒入慕斯框中，冷藏至少 2 小時，讓材料凝固。

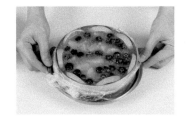

06 檸檬磅蛋糕平行切開，抹上義式奶油霜，從蛋糕轉檯移上托盤，冷凍冰硬。

07 柳橙藍莓果凍拆開保鮮膜，放上蛋糕，用小蛋糕刀分離邊緣，輕輕脫模。

08 放上冰硬的另一片蛋糕，插入三根吸管固定位置。

09 抹上水藍色奶油霜，抹平。

10 下緣擠上白色奶油霜裝飾。

11 插上裝飾配件，放上新鮮水果，完成。

高腳杯水果乳酪蛋糕

● ① 藍莓雪碧晶凍

雪碧	240g
細砂糖	50g
新鮮蝶豆花	5 朵
檸檬汁	10g
吉利丁片	12g
新鮮藍莓	20g

● ② 餅乾底

牛小妞巧克力 餅乾粉	50g
無鹽奶油	20g

● ③ 原味生乳酪蛋糕

奶油乳酪	100g
細砂糖（A）	30g
草莓果醬	1 大匙
熱水	1 大匙
吉利丁片	5g
馬斯卡彭鮮奶油	100g
細砂糖（B）	10g

①

③

②

作法

01 餅乾底：有柄鋼鍋加入無鹽奶油，中火加熱至融化，離火。

02 倒入牛小妞巧克力餅乾粉拌勻。

03 倒入銀色高腳杯，略微壓實，冷凍至材料變硬。

04 藍莓雪碧晶凍：吉利丁片用冰水泡軟，擠乾備用。

05 有柄鋼鍋加入雪碧、細砂糖、新鮮蝶豆花，加熱至糖溶解，煮滾讓蝶豆花顏色出來。

06 熄火，加入檸檬汁拌勻，靜置降溫至 60℃ 以下。

07 倒入擠乾的吉利丁片，刮刀拌至確實溶化。

08 玻璃保鮮盒中放入新鮮藍莓，再倒入作法 7 室溫放涼，冷藏至凝固。

09 原味生乳酪蛋糕：吉利丁片以冰水泡軟擠乾，隔水加熱成液態備用；草莓果醬與熱水混勻。

10 奶油乳酪用電動打蛋器打軟，加入細砂糖（A）打勻。

11 加入與熱水混勻的草莓果醬拌勻，加入液態吉利丁拌勻。

12 乾淨鋼盆加入馬斯卡彭鮮奶油、細砂糖（B）打至出現紋路，約六分發。

13 倒入作法 11，以打蛋器混合均勻。

14 倒入銀色高腳杯，搖晃、輕震杯子使空隙填滿，冷藏至少 2 小時，讓材料凝固。

15 放上切成小丁的藍莓雪碧晶凍裝飾。

芒果椰奶方塊蛋糕

• ① 椰奶海綿蛋糕

全蛋	350g
細砂糖	180g
低筋麵粉	150g
椰奶	130g
椰子粉	30g
椰子絲	15g

★ 份量：
長 34˚ 寬 27˚ 高 2.5 公分，1 盤

• ② 奶油餡

馬斯卡彭鮮奶油	200g
細砂糖	20g

• ③ 組合

新鮮芒果丁	適量
新鮮覆盆子	適量

③

①

②

③

②

①

● 作法

01 椰奶海綿蛋糕：裁切白報紙，鋪上烤盤。

02 攪拌缸倒入全蛋、細砂糖，快速拌勻。

03 隔水加熱至42℃，打發至濃稠狀，拿起球形攪拌器紋路可停留3~5秒，不會立即消失。

04 分次加入過篩低筋麵粉、椰子粉混合均勻，加入椰奶混合均勻。

05 麵糊倒入烤盤，撒上椰子絲。

06 送入預熱好的烤箱，上火180℃/下火150℃，烤25~35分鐘。

07 出爐重敲，撕下四邊白報紙（注意此時還很燙），放涼後切小塊（裁切大小依成品容器而定），裝入成品容器中。

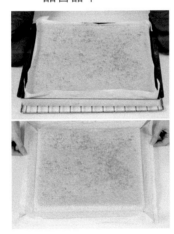

08 奶油餡：乾淨容器加入馬斯卡彭鮮奶油、細砂糖，手持攪拌器先低速再中速，打至九分發、表面出現明顯紋路（速度一開始開太快會噴濺）；裝入擠花袋中，花嘴使用惠爾通#17。
▼

09 組合：容器擠入奶油餡，鋪新鮮芒果丁；再擠奶油餡，鋪蛋糕。頂端擠一圈鮮奶油，點綴新鮮覆盆子。

3 歡慶入學派對

文具黑板糖片糖霜餅乾　基礎餅乾＋糖霜

作法

01 將圖案紙放在透明片上，透明片上塗白油（糖片乾後才能取下），白色糖霜延底部圖案分區填滿，進食物烘乾機烘乾。

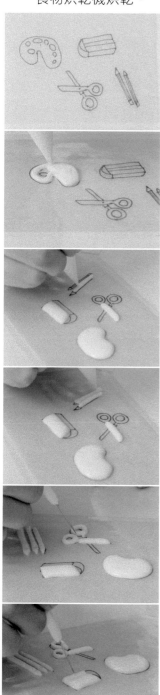

02 筆刷沾伏特加後分別沾色膏，將烘乾後的糖片上色。

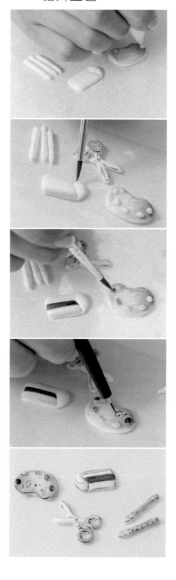

03 黑色流性糖霜填滿中間黑板，進食物烘乾機烘乾後，再用白色糖霜填邊框部分。

04 筆刷沾伏特加、咖啡色色膏，繪製黑板邊框。

05 用鏟刀將糖片鏟下，硬糖霜擠少許在糖片背後，黏在黑板上。

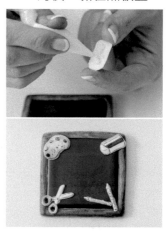

06 用白色色膏寫上文字。

黑板造型蛋糕　磅蛋糕 + 義式奶油霜 + 翻糖

• 材料

六吋海綿蛋糕 (P.10~11)	1 顆
義式奶油霜 （P.25）	適量
義式奶油霜 （P.25）	120g
苦甜巧克力	60g
白巧克力	適量
翻糖	適量

• 作法

01 海綿蛋糕斜切一塊，取角度放上蛋糕盤，確定角度後抹上義式奶油霜，黏合蛋糕。

02 海綿蛋糕整顆抹上義式奶油霜，送入冷凍冰硬。

03 取 120g 義式奶油霜與隔水加熱融化的苦甜巧克力拌勻，抹上中央黑板處。

04 白巧克力隔水加熱融化，裝入擠花袋中，寫上文字。

05 翻糖製作粉筆及板擦，接合處刷食用膠水，與蛋糕組合。

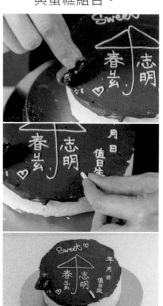

藍色百褶裙杯子蛋糕 杯子磅蛋糕 + 翻糖

- 材料

柳橙奶油磅蛋糕　3 個
（P.12）

義式奶油霜　　　適量
（P.25）

各色翻糖　　　　適量

- 作法

01 擀一片藍色翻糖，用
摺疊方式製作百褶
裙；白色翻糖條沾水
貼上百褶裙當裙頭；
藍色翻糖切兩條（作
細肩帶），沾水貼上
百褶裙；在中心放衛
生紙，讓肩帶與百褶
裙翻糖靠著衛生紙，
待翻糖乾、定型後
就會有立體感。

02 柳橙奶油磅蛋糕表面
抹義式奶油霜。

03 白色翻糖擀開，以圓
形花模壓出適當大小
的圓片，貼上杯子蛋
糕。

04 表面刷水，放上藍色
百褶裙完成。

橘帽子馬林糖杯子蛋糕 杯子磅蛋糕＋馬林糖

● 材料

巧克力磅蛋糕　3 個
（P.16）

義式奶油霜　　適量
（P.25）

馬林糖　　　　適量
（P.20）

● 作法

01 橘色馬林糖糊套上
SN7068 花嘴擠圓柱
形。

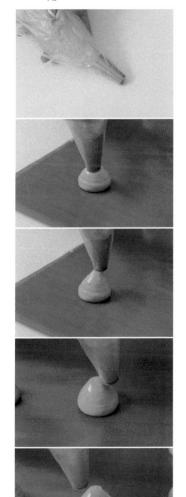

02 套上 101 花嘴，擠出
帽子邊緣。

03 橘色馬林糖糊的三明
治袋口剪一小洞，先
在中心擠一小點，再
延著圓柱擠一圈，送
入預熱好的烤箱，以
上下火 80℃ 烤到輕
撥可以拿下馬林糖，
不會黏在烘焙紙上。

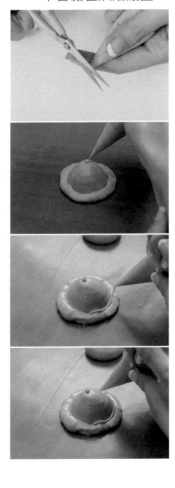

04 竹炭粉加入飲用水，
用細筆畫出帽子上線
條。

05 巧克力磅蛋糕表面抹
（或擠上）義式奶油
霜。

06 放上橘帽子馬林糖裝
飾。

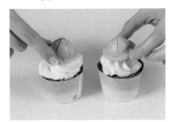

抓週物糖霜餅乾 基礎餅乾 + 糖霜

● 作法

01 將描有圖案的吸油面紙放在餅乾上，再用食用色素筆在餅乾上描出圖案。

02 白色流性糖霜跳格填滿造型餅乾，進食物烘乾機烘乾。

03 筆刷沾伏特加後沾上色膏，由邊緣往內畫出漸層，擠上白色硬糖霜。

04 以相同技法描繪蔥，繪製深淺變化。

05 擠上紅色硬糖霜。

06 以相同技法描繪雞腿，疊出漸層。

07 白色硬糖霜製作雞皮質感，再用筆刷疊色。

08 擠上紅色糖霜。

09 以相同技法描繪花生，繪製深淺變化。

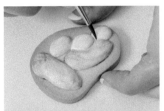

10 白色硬糖霜畫出花生殼上的線條。

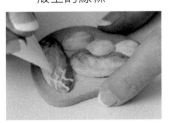

11 烘乾後再塗上咖啡色。

寶寶抓週衣服糖霜餅乾

基礎餅乾 + 糖霜

● 帽子作法

01 硬性糖霜拉框，內裏用流性糖霜分區填滿，烘乾。

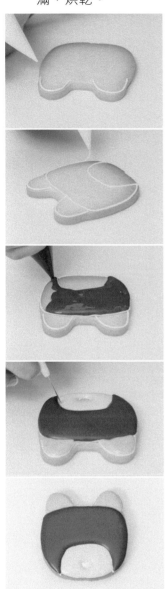

02 硬性糖霜擠出造型線條。

03 流性糖霜用濕加濕技巧疊加。濕加濕就是流性糖霜未乾時再填入另一個顏色的流性糖霜，材料交溶卻涇渭分明。

04 流性糖霜用濕加濕技巧疊加，糖霜針筆微調。

05 硬性糖霜擠出造型，用硬性糖霜黏合烘乾的糖霜花朵，擠出花芯。

↑ 花嘴 ST52

06 紅色色粉刷上腮紅；伏特加調色粉繪製嘴巴；硬性糖霜擠出牙齒；白色色膏點出眼睛反光點；伏特加調金粉最後裝飾。

（續下頁）

01 硬性糖霜拉框，內裏用流性糖霜填滿，烘乾。

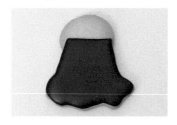

02 將描有福字的吸油面紙放在餅乾上，用食用色素筆拓出福字；硬性糖霜描繪字型。

03 繼續擠出造型線條。

04 硬性糖霜擠星星造型。

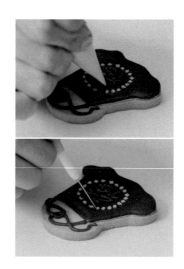

05 肚兜上下緣，分別以綠、藍、黃硬性糖霜，以擠水滴方式製作小花。

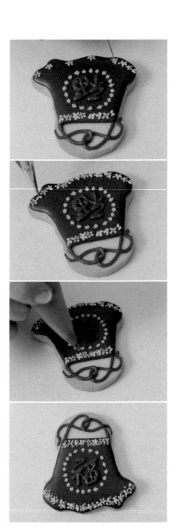

06 金粉混合伏特加，用筆刷滿福字與星星。

• 鞋子作法

01 硬性糖霜拉框。

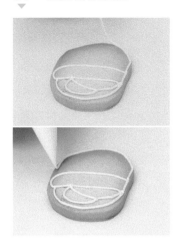

02 流性糖霜用跳格填滿方式填上顏色、烘乾。

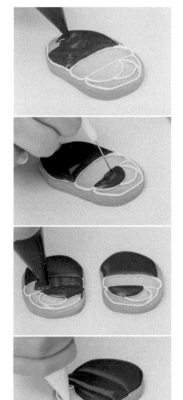

03 硬性糖霜拉出眼部框架。

04 流性糖霜用濕加濕技巧疊加。濕加濕就是流性糖霜末乾時再填入另一個顏色的流性糖霜，糖霜交溶卻涇渭分明。

05 流性糖霜繪製圖案、烘乾。

06 硬性糖霜拉出線條、烘乾。

07 金粉混合伏特加，用筆刷上裝飾。

金元寶豬馬林糖OREO 馬林糖

● 作法

01 淡粉色馬林糖糊裝入擠花袋中（花嘴 SN7067），在 OREO 上擠出圓形。

02 深粉色馬林糖糊裝入三明治袋中，剪一小洞擠出耳朵、鼻子。

03 擠兩個圓圓小手。

04 黃色馬林糖糊裝入三明治袋，剪一小洞擠出金元寶。

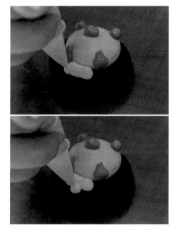

05 黑色馬林糖糊裝入三明治袋，剪一小洞擠出眼睛，送入預熱好的烤箱，以上下火 90°C 烤 120 分鐘。

06 竹炭粉加入飲用水，用細筆畫出金元寶上的字、豬鼻子；使用粉紅色粉繪製腮紅。

POINT!

↑ 可依喜好做造型變化～

寶寶週歲造型蛋糕 翻糖蛋糕

● 材料

八吋磅蛋糕體	1 個
鵝黃色披覆翻糖	約 800g
其他顏色翻糖	適量

● 作法

01 用鵝黃色翻糖披覆蛋糕體、托底。

02 參考圖片備妥翻糖配件。

03 身體刷食用膠水。

04 貼上尿布。

05 用工具加強線條、組合配件。

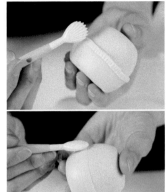

06 用竹籤輔助固定頭與身體。

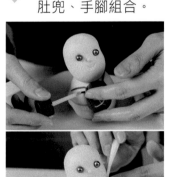

07 身體刷食用膠水,與肚兜、手腳組合。

08 準備帽子配件,製作好的帽子配件要放在圓形保麗龍上保持造型。

09 頭刷食用膠水,與帽子組合。

10 帽子刷食用膠水,依序與帽子配件組合。

11 翻糖蛋糕刷食用膠水,依序放上其它配件。

No.4E

金元寶棒棒糖蛋糕 　棒棒糖塑形蛋糕

• 作法

01　棒棒糖塑型蛋糕捏成金元寶，插入糖棒。

02　白巧克力隔水加熱融化，手拿著糖棒，趁白巧克力融化、呈液狀時，將棒棒糖塑型蛋糕裹上白巧克力液。

03　立起放涼，讓白巧克力變硬。

04　金色色粉與伏特加調勻（使用酒精濃度高的透明食用酒），畫上金元寶。（圖 1~4）

05　立起固定，放乾。（圖 5）

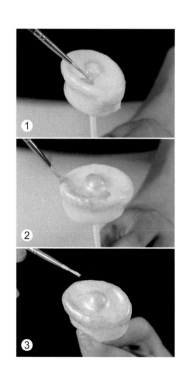

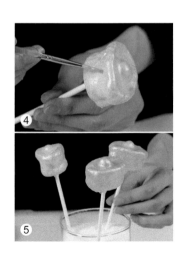

No.4F
波浪鼓冰棒蛋糕　棒棒糖塑形蛋糕 + 翻糖

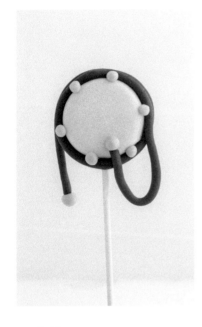

• 作法

01　棒棒糖塑型蛋糕捏成圓扁形，插入糖棒。

02　白巧克力隔水加熱融化，手拿著糖棒，趁白巧克力融化、呈液狀時，將棒棒糖塑型蛋糕裹上白巧克力液。

03　立起放涼，讓白巧克力變硬。

04　紅色翻糖搓成長條形。（圖1）

05　棒棒糖塑型蛋糕刷上食用膠水。（圖2）

06　沿著側面貼上翻糖。（圖3）

07　膚色翻糖搓長剪小段，搓揉成一樣大的小圓球。（圖4）

08　刷上食用膠水組合配件。（圖5~6）

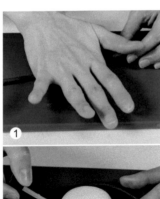

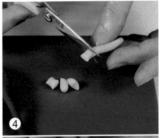

精品時尚風格派對

典雅邀請函糖霜餅乾　基礎餅乾 + 糖霜 + 翻糖

作法

01 藍色流性糖霜填滿餅乾，進食物烘乾機烘乾。

02 白色硬糖霜框出兩側圓弧邊框，筆刷沾白色流性糖霜填滿，進食物烘乾機烘乾。

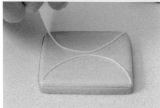

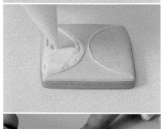

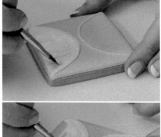

03 白色硬糖霜擠蕾絲線。

04 玫瑰印花模板放在白色部份，刮刀沾硬糖霜刮過，再將版子上多餘的糖霜刮除，將糖霜烘乾。

05 換一側用相同手法刮出花紋。

06 進食物烘乾機烘乾。

07 白色硬糖霜擠蕾絲線。

08 白色翻糖用蝴蝶結模壓出蝴蝶結，放乾，然後擠適量硬糖霜將蝴蝶結黏在餅乾上，用珍珠白食用漆塗滿蝴蝶結。

酒瓶糖霜餅乾 基礎餅乾 + 糖霜

• 作法

01 酒瓶圖案的吸油面紙放在餅乾上，再用食用色素筆在餅乾上描出圖案，拓圖。

02 分別以白、黑、藍流性糖霜，以跳格填滿方式填滿瓶身。

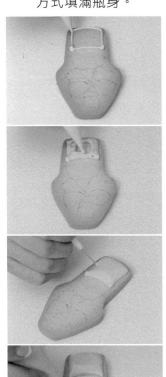

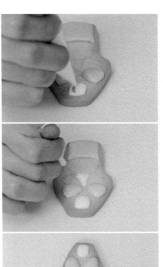

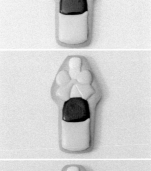

03 白色硬糖霜框出蝴蝶結外框。

04 白色流性糖霜擠出愛心、圓形花紋，烘乾。

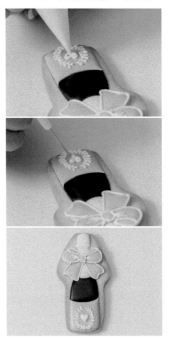

05 金粉調合伏特加，用筆刷上愛心、瓶子。

精品袋糖霜餅乾 基礎餅乾 + 糖霜 + 翻糖

• 作法

01 黑色流性糖霜以跳格
填滿方式填滿餅乾，
進食物烘乾機烘乾。

02 描高跟鞋圖案的吸油
面紙放在餅乾上，再
用食用色素筆在餅乾
上描出圖案，拓圖。

03 白色硬性糖霜框出高
跟鞋。

04 白色流性糖霜填滿高跟
鞋，用糖霜針筆微調，
進食物烘乾機烘乾。

05 白色硬性糖霜框出鞋
跟、蕾絲圓弧、裝飾
圖案。
▼

06 黑色硬性糖霜框出蕾
絲與紙袋邊緣。

07 白色流性糖霜填滿高
跟鞋。

08 金粉調合伏特加，用
筆刷繪製紙袋上緣與
高跟鞋。

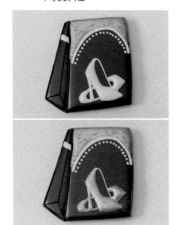

09 黑色硬性糖霜繪製蕾
絲。

10 白色翻糖用蝴蝶結模
壓出造型，擠適量硬
糖霜將蝴蝶結黏在餅
乾上，用珍珠白食用
漆塗滿蝴蝶結。

禮物盒造型翻糖蛋糕 海綿蛋糕 + 翻糖

● 材料

● 蛋糕體：

六吋海綿蛋糕	1 顆
（P.10~11）(切正方形 16x16 公分)	

● 鮮奶油夾餡：

馬斯卡彭鮮奶油	250g
細砂糖	25g
芒果丁	80g

● 翻糖：

淺藍綠翻糖 （披覆）	700g
白色翻糖 （裝飾）	300g

● 作法

01 海綿蛋糕切成兩個一樣大的正方形蛋糕體，約 16x16 公分。

02 乾淨鋼盆加入馬斯卡彭鮮奶油、細砂糖，一同打至八分發。

03 一片蛋糕上抹上鮮奶油夾餡、放上芒果丁，蓋上另一片蛋糕體，放入冰箱冷凍定型。

04 將藍綠色翻糖擀薄至 36x36 公分以上的大小（需量蛋糕斜對角長度），再披覆於冷凍定型的蛋糕上。

05 白色翻糖擀薄切成等寬的長條，再切小段。

06 刷食用膠水，與蛋糕組合。

07 測量所需長度。

08 切割白色翻糖，刷食用膠水與蛋糕組合。

09 白色翻糖擀薄切成等寬的長條，再切小段，做成立體緞帶的裝飾（翻摺的緞帶可放入紙巾，固定蓬鬆度）。

10 刷食用膠水依序與蛋糕組合。

No.5E
玫瑰奶酪

• 奶酪
（約 4 杯銀色高腳杯）

白美娜濃縮牛乳	400ml
動物性鮮奶油	150ml
細砂糖	40g
香草籽醬	0.3g
吉利丁片	8g

• 覆盆子玫瑰花醬

新鮮覆盆子	350g
細砂糖	300g
食用性玫瑰花瓣	110g
檸檬汁	55c.c.

• 裝飾

義式奶油霜	適量
（P.25）	
新鮮玫瑰花瓣	4 瓣

● 作法

01 奶酪：吉利丁片一片一片泡入冰水，泡約 3~5 分鐘，泡軟後擠乾水分。

02 有柄鋼鍋倒入白美娜濃縮牛乳、動物性鮮奶油、細砂糖，小火煮至糖融化。加入香草籽醬拌勻。

03 關火，加入擠乾的吉利丁片，刮刀拌至吉利丁溶化。

04 靜置放涼，倒入銀色高腳杯中，冷藏約 2 小時（冷藏至材料凝固）。

05 覆盆子玫瑰花醬：有柄鋼鍋倒入新鮮覆盆子、細砂糖，小火慢慢煮至果醬變濃稠。

06 加入一半的檸檬汁拌勻。

07 關火，加入剪碎的食用性玫瑰花瓣拌勻，倒入剩餘檸檬汁，煮至玫瑰花沉入果醬中，再煮至想要的濃稠度。

08 組合：奶酪表面倒入覆盆子玫瑰花醬，擠上少許義式奶油霜，放上玫瑰花瓣。

時尚包包造型杯子 杯子磅蛋糕 + 翻糖

材料

義式奶油霜　　適量
（P.25）

巧克力磅蛋糕　3 顆
（P.16）
（杯子蛋糕紙模）

藍黑色翻糖　　適量

作法

01 藍黑色翻糖參考圖片備妥配件。

02 翻糖捏成包包形狀，用切麵刀切出菱格紋。

03 調整粗細與長度，以食用膠水黏著組合。

04 把手也以食用膠水黏著組合。

05 把備妥的義式奶油霜裝入擠花袋中。

06 以畫圓方式擠上杯子蛋糕。

07 將時尚包包放上杯子蛋糕，完成。

16 聖誕節派對

立體糖霜聖誕屋

基礎餅乾 + 糖霜 + 翻糖

• 作法

牆壁 A 聖誕老人

01 描有聖誕老人圖案的吸油面紙放在餅乾上,再用食用色素筆在餅乾上描出圖案。

02 用刮刀將咖啡色硬性糖霜塗滿屋頂,避開聖誕老人圖案,以鐵尺壓出木紋,烘乾。

03 用跳格填滿方式,紅色流性糖霜分區填滿,烘乾。

04 白色硬糖霜以不規則擠點點,擠出毛質感、反光。

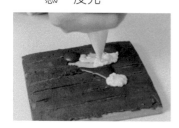

05 紅色流性糖霜擠出袋子,然後進食物烘乾機烘乾。

06 白、紅色硬糖霜擠出線條;竹炭粉調伏特加畫眼睛,烘乾。

牆壁 B 線條

01 用刮刀將咖啡色硬性糖霜塗滿屋頂,以鐵尺壓出木紋,烘乾。

02 白色硬糖霜框邊,紅色流性糖霜填滿,烘乾。

03 白色硬糖霜框邊,烘乾。

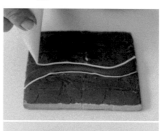

(續下頁)

（承前頁）

04 白色翻糖用蝴蝶結模
、鈴鐺模壓模，擠適
量硬糖霜將造型翻糖
黏在餅乾上。

05 白色硬糖霜框邊，烘
乾；擠上綠色硬糖霜
葉子，烘乾完成。

牆壁 C 花圈

01 白色硬性糖霜框出窗
戶，白色流性糖霜填
滿餅乾，烘乾。

02 白色硬糖霜拉線窗框
上緣、蕾絲裝飾。

03 綠色硬糖霜裝入三
明治袋，袋口剪成 V
字型，在窗框處擠葉
子；擠紅色硬糖霜點
點裝飾。

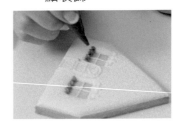

04 用大小適當的圓形物
體描邊，擠花圈後黏
上銀糖珠。

05 粉色翻糖用蝴蝶結模
壓模，擠適量硬糖霜
將蝴蝶結黏在餅乾上。

牆壁 D 鈴鐺

01 白色硬性糖霜框出窗戶，白色流性糖霜填滿餅乾，烘乾。白色硬糖霜拉線在窗框上緣。

02 綠色硬糖霜裝入三明治袋，袋口剪成 V 字型，在窗框處擠葉子；擠紅色硬糖霜點點裝飾。

03 綠色硬糖霜擠葉子。

04 粉色翻糖用蝴蝶結模壓模，擠適量硬糖霜將蝴蝶結黏在餅乾上；旁邊再用綠色硬糖霜擠第二層葉子，放銀色糖球。

05 白色硬性糖霜擠出造型；放上白色小花翻糖。

組合

01 備妥所有配件。

02 配件邊緣擠適量硬糖霜，組合所有部件。

03 白色硬糖霜不規則擠點點，擠出雪堆質感，再勾出垂墜效果。

04 金色色粉調伏特加，繪製屋頂配件；放上翻糖小花，以白色硬糖霜黏著組裝。

聖誕翻糖餅乾

● 作法

造型 1

01　白色硬性糖霜框出風扇外框，白色流性糖霜填滿，進入食物烘乾機烘乾。

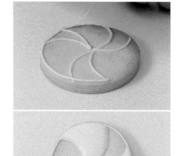

02　未填滿的區塊用硬糖霜填滿，沾紅色砂糖，烘乾。

03　綠色翻糖用蝴蝶結模壓出造型，擠適量硬糖霜將蝴蝶結黏在餅乾上。

造型 2

01　白色流性糖霜填滿圓形餅乾，進食物烘乾機烘乾。

02　白色硬糖霜畫出圍巾邊框、填滿，沾紅色砂糖。

03　手套：紅色翻糖揉兩個扁橢圓，剪刀剪出拇指，揉兩條白色翻糖黏在下緣處，插入銀棒。

04　帽子：綠色翻糖揉成三角圓柱狀，揉 1 條橘色翻糖黏在下緣。

05　耳朵：粉色翻糖揉圓後輕壓，然後擠適量白色硬糖霜黏在白色耳朵上。

06　翻糖參考圖片備妥各式配件，以硬性糖霜組合即可。

糖霜餅乾 基礎餅乾 + 糖霜

● 作法

01 描有聖誕老人臉部的吸油面紙放在餅乾上，再用食用色素筆在餅乾上描出圖案。

02 膚色流性糖霜填滿臉部；紅色流性糖霜分別填帽子與衣服，進食物烘乾機烘乾。

03 黑色硬糖霜框出腰帶；白色硬糖霜以不規則點壓方式，擠出帽子上的圓球、帽簷的毛球、鬍鬚，烘乾。

04 膚色流性糖霜擠出鼻子；黑色硬糖霜擠眼睛、填滿腰帶。

05 綠色硬糖霜袋口剪成 V 形，擠出帽子上的葉子，再黏上銀珠。

06 以適量硬糖霜做黏著，在衣服處黏上雪花與星星糖片，烘乾。w

107

聖誕熊熊造型蛋糕 磅蛋糕＋翻糖

● 材料

六吋磅蛋糕體	1 顆
（ P.12~16 ）	
白色披覆翻糖	約 600g
義式奶油霜	適量
（ P.25 ）	
各色染色翻糖	適量

● 作法

01 用白色翻糖披覆蛋糕體、托底。

02 參考圖片備妥翻糖配件。

03 工具製出小熊縫線質感；用竹籤輔助固定頭與身體。

04 身體兩側刷食用膠水，固定雙腳。

05 脖頸刷食用膠水，固定圍巾，交織處再補刷固定。

06 接合處刷食用膠水，固定雙手、耳朵。

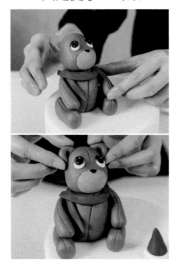

07 接合處刷食用膠水，組合帽子。

08 用竹籤輔助固定星星與蛋糕。

09 接合處刷食用膠水，組合配件與蛋糕。

10 工具畫出小熊嘴巴。

11 參考圖片備妥翻糖配件。

12 接合處刷食用膠水，組合配件與蛋糕。

聖誕樹奶油霜杯子蛋糕 杯子磅蛋糕 + 義式奶油霜

材料

杯子磅蛋糕	適量
（P.16）	
義式奶油霜	適量
（P.25）	
綠色色膏	適量
彩色糖珠	適量

- 作法

01 義式奶油霜用聖誕樹綠色色膏混勻，調出所需顏色。

02 綠色奶油霜裝入擠花袋，使用PME#8花嘴。

03 平行擠出枝幹，層層平均往上疊，越上面枝幹略短於下層的枝幹，做出聖誕樹的樣子。

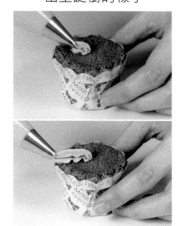

04 最後放上彩色糖珠裝飾。

松果造型小泡芙　泡芙 + 配方內巧克力奶餡

● 材料

● 主體

泡芙（P.18~19）	一盤

● 巧克力奶餡

動物性鮮奶油（A）	60g
葡萄糖	10g
黑巧克力	78g
動物性鮮奶油（B）	138g

● 裝飾

金箔	少許

● 作法

01 有柄鋼鍋倒入動物性鮮奶油(A)、葡萄糖，加熱至完全融合。

02 沖入黑巧克力中浸泡 1 分鐘，再用刮刀拌勻。

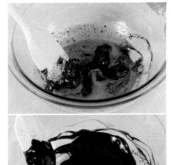

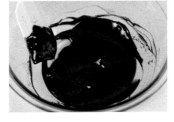

03 加入動物性鮮奶油(B)拌勻，這邊可用均質機均質，讓口感更綿密滑順，封保鮮膜冷藏一晚。

04 倒入攪拌缸打發，打到狀態蓬鬆硬挺。

05 裝入擠花袋中，使用韓國 #104 花嘴。

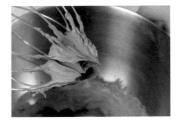

06 在花圈泡芙上擠松果造型，點上金箔裝飾。

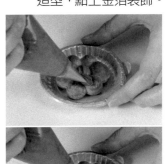

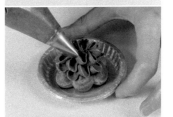

萬聖節派對

南瓜掃把造型馬林餅乾棒 市售餅乾棒 + 馬林糖

● 作法

南瓜

01 馬林糖糊裝入擠花袋中，使用SN7067 花嘴。

02 擠一小點馬林糖糊，放上市售餅乾棒。

03 中心擠出馬林糖糊覆蓋，擠出南瓜造型。

04 綠色馬林糊三明治袋剪 V 字，擠出葉子。

05 黑色馬林糖三明治袋剪一小洞，擠出眉毛、眼睛、鼻子。

06 送入預熱好的烤箱，以上下火 80°C 烤到輕撥可以拿下馬林糖，不會黏在烘焙紙上。

07 筆刷用紅麴粉輕輕刷上腮紅。

掃把

01 馬林糖糊裝入擠花袋中，使用SN7067 花嘴。

02 擠一小點馬林糖糊，放上市售餅乾棒。

03 中心擠出馬林糖糊覆蓋，擠出圓造型，尾部勾起。

04 用針筆勾出掃把下緣形狀。

05 白色馬林糖擠出掃柄。

06 紫色馬林糊三明治袋剪一小洞，再擠掃柄。

07 黑色馬林糖三明治袋剪一小洞，擠出眉毛、眼睛、鼻子。

08 送入預熱好的烤箱，以上下火 80°C 烤到輕撥可以拿下馬林糖，不會黏在烘焙紙上。

09 筆刷用色粉輕輕刷上腮紅。

南瓜棉花糖

棉花糖

● **作法**

01 適量色膏調入棉花糖糊，用橡皮刮刀切拌均勻，裝入三明治袋中，前端剪一刀。

02 橘色棉花糖糊擠出圓柱形。

03 綠色棉花糖糊三明治袋剪V字，擠出葉子。

04 放入冷藏半小時後，竹炭粉加入飲用水，用牙籤點眼睛，細筆畫出嘴巴。

05 篩上玉米粉，筆輕輕刷下多餘的玉米粉。

06 用紅麴粉輕輕刷出腮紅。

萬聖造型糖霜餅乾 基礎餅乾 + 糖霜

基礎餅乾 + 糖霜

• 作法

小鬼

01 白色流性糖霜填滿餅乾，烘乾。

02 黑色硬糖霜擠眼睛、嘴巴，框出旗子的邊線。

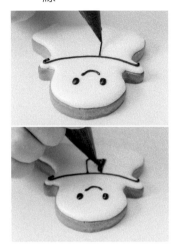

03 分別用黑色與橘色的流性糖霜畫出旗面，烘乾。

04 白色硬性糖霜擠上字。

05 食用色素筆繪製舌頭。

巫師帽

01 黑色流性糖霜畫出帽子紋路，進食物烘乾機烘乾。

02 橘色流性糖霜畫出帽子紋路，進食物烘乾機烘乾。

03 白色硬性糖霜拉出帽緣再沾砂糖。

04 咖啡色硬性糖霜框出扣子線條。

05 黃色流性糖霜擠小點，用針筆勾出星星。

（續下頁）

南瓜頭

01 黑色流性糖霜畫出嘴巴，糖霜未乾時以濕加濕技法用橘色流性糖霜擠入黑色流性糖霜裡，做出牙齒；黑色流性糖霜畫出倒三角形鼻子，進食物烘乾機烘乾。

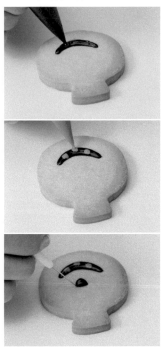

02 咖啡色硬糖霜擠南瓜蒂頭，烘乾。

03 橘色流性糖霜填滿南瓜表面，糖霜針筆微調表面，進食物烘乾機烘乾。

04 白色流性糖霜擠出眼睛，糖霜未乾時以濕加濕技法擠入黑色流性糖霜，做出瞳孔，烘乾。

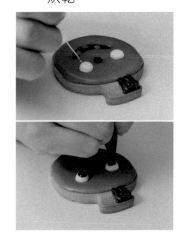

05 白色硬糖霜點出眼部反光。

06 黃色流性糖霜擠小點，用針筆勾出星星。

07 黑色流性糖霜加強鼻子，糖霜針筆微調形狀。

08 綠色硬糖霜裝入三明治袋，袋口剪成V型，擠出葉子，烘乾。

09 食用色素筆繪製南瓜表皮的質感。

● 作法

蜘蛛

01 橘色流性糖霜框出中心 1/3 處，填滿，烘乾。

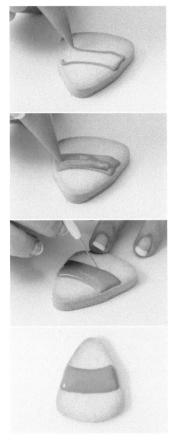

02 白色流性糖霜框出上部 1/3 處，填滿；黃色流性糖霜框出下部 1/3 處，填滿，進食物烘乾機烘乾。

03 黑色硬性糖霜擠出蜘蛛網與蜘蛛。

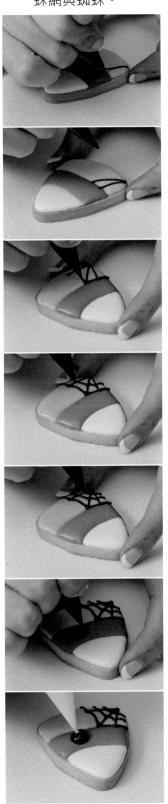

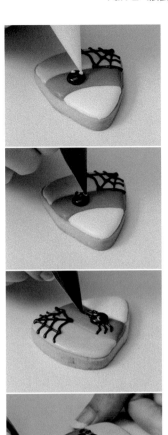

▼

小魔女造型蛋糕 翻糖蛋糕

• 材料

六吋海綿蛋糕　1 顆
（ P.10~11 ）

白色翻糖披覆　約 600g

義式奶油霜　少許
（ P.25 ）

• 作法

01　海綿蛋糕抹上些許義
　　式奶油霜，披覆完畢。

02　參考圖片製作小魔女
　　配件。

03　接合處刷上食用膠水
　　，組裝小魔女配件。

04　接合處刷上食用膠水，
　　貼上披覆好的蛋糕。

05　接合處刷上食用膠水，
　　組合黑貓與南瓜。

06　雲朵與南瓜黑貓先放
　　上蛋糕確認位置，確
　　認後於接合處刷上食
　　用膠水組合。

木乃伊造型棒棒糖蛋糕 棒棒糖塑形蛋糕 + 翻糖

材料

棒棒糖塑形蛋糕　　適量
（P.17）
各色翻糖　　　　　適量
黑色糖珠　　　　　適量

- 作法

01　白色翻糖擀圓片，中
　　心放棒棒糖塑型蛋
　　糕，雙手往上推，密
　　合包覆，盡量包到裡
　　面沒有空氣。

02　插入棒棒糖棍。

03　用塑形工具壓出一些
　　繃帶紋路。

04　咖啡色翻糖參考圖片
　　形狀備妥，接合處刷
　　上食用膠水，與棒棒
　　糖塑型蛋糕組合。

05　切長條狀的白色翻糖
　　繃帶，一段一段纏繞
　　上棒棒糖塑型蛋糕，
　　每繞一段固定刷食用
　　膠水幫助黏著。

▼

06　搓兩顆白色翻糖，刷
　　實用膠水組合，以黑
　　色糖珠做眼睛。

巫師造型蛋糕 棒棒糖塑形蛋糕 + 翻糖

材料

棒棒糖塑型蛋糕 （P.17）	適量
黑巧克力	適量
各色翻糖	適量
銀色色粉	適量
伏特加	適量

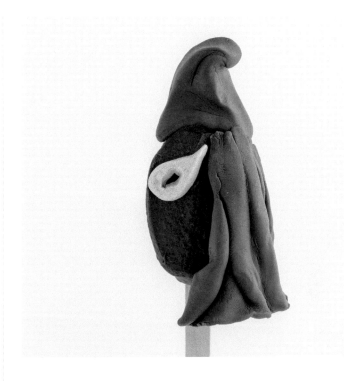

作法

01 棒棒糖塑型蛋糕塑形成橢圓形，插入冰棒棍，均勻裹上隔水加熱融化的黑巧克力，靜置待巧克力凝固。

02 白色翻糖捏水滴狀，用掌心壓扁，中心以工具切出眼睛露出位置，然後以食用膠水組合。

03 紫色翻糖捏出皺褶，做出巫師披風的垂墜感，然後以食用膠水組合。

04 紫色翻糖搓一個頂端圓尖的倒三角，做成巫師帽，然後以食用膠水組合。

05 銀色色粉與伏特加調勻（使用任意酒精濃度高的食用酒），繪製眼罩，完成。

甜美鄉村婚禮派對

捧花糖霜餅乾

● 作法

01 綠色硬性糖霜擠出花
　　枝。

02 綠色硬性糖霜擠上烘
　　乾的糖霜花，與餅乾
　　組合。

03 綠色硬性糖霜裝入三
　　明治袋，袋口剪V型，
　　擠出葉子、花心。

04 白色硬性糖霜擠出花
　　心，烘乾。

05 白色翻糖用蝴蝶結模
　　壓出蝴蝶結，擠適量
　　硬糖霜將蝴蝶結黏在
　　餅乾上。

06 用珍珠白食用漆塗滿
　　蝴蝶結，烘乾。

婚戒糖霜餅乾 基礎餅乾 + 糖霜

● 作法

01 白色硬糖霜拉出內外
雙圓、鑽戒外框；雙
圓用白色流性糖霜填
滿，然後進食物烘乾
機烘乾。

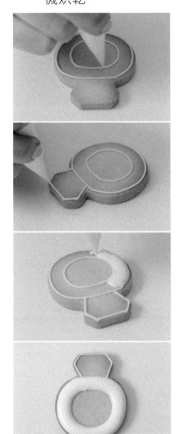

02 白色流性糖霜填滿鑽
戒，然後進食物烘乾
機烘乾。

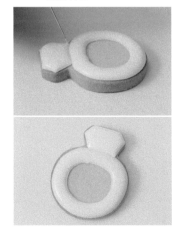

03 筆刷沾食用古銅色金
漆塗滿戒圍。

04 白色硬性糖霜裝飾鑽
戒上的多角面。

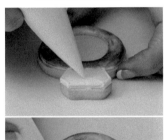

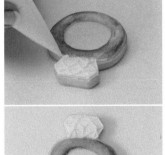

05 白色硬性糖霜擠出戒
圍上的圖騰。

▼

06 戒圍邊緣用白色硬性
糖霜接著黏上五瓣花
；白色硬性糖霜擠出
花蕊。

07 綠色硬性糖霜裝入三
明治袋，袋口剪V型，
擠出葉子，烘乾。

蕾絲糖霜餅乾 基礎餅乾 + 糖霜

● 作法

01 白色硬性糖霜框出愛
　　心，粉色流性糖霜填
　　滿愛心，進食物烘乾
　　機烘乾。

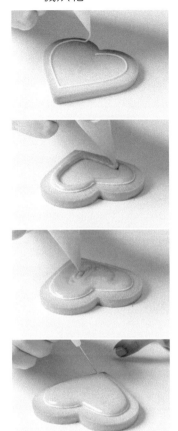

02 白色硬性糖霜由上而
　　下，參考圖片繪製裝
　　飾蕾絲。

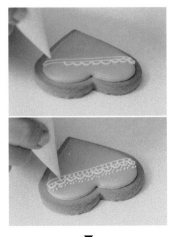

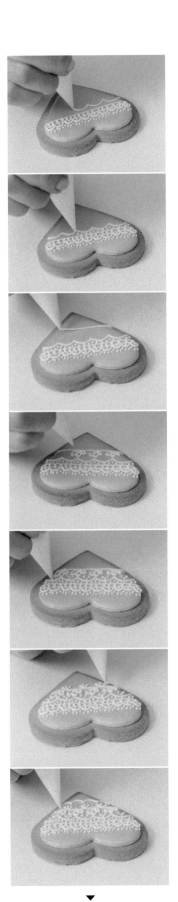

03 用白色硬性糖霜黏上
　　五瓣花，然後中心擠
　　上花蕊。

04 綠色硬性糖霜裝入三
　　明治袋，袋口剪V型，
　　擠出葉子，烘乾。

真花雙層裸蛋糕 海綿蛋糕＋義式奶油霜

● 材料

海綿蛋糕體（P.10~11）四吋	2 顆
海綿蛋糕體（P.10~11）六吋	2 顆
義式奶油霜（P.25）	約 800g
新鮮玫瑰花	適量
新鮮火龍果（金絲桃）	適量

● 作法

01 一顆六吋海綿蛋糕放上蛋糕轉檯，抹義式奶油霜。

02 疊上第二顆六吋海綿蛋糕，抹義式奶油霜，邊抹邊轉，均勻抹平。

03 插入兩根吸管。

04 兩顆四吋海綿蛋糕參考作法 1~2 操作。

05 對準蛋糕體六吋的中心，放下雙層四吋海綿蛋糕。

06 冷凍至奶油變硬，取出後再抹一次義式奶油霜，抹平。

07 移至蛋糕托盤，冷凍至奶油變硬。

08 真花莖部先用綠色鐵線纏繞纏緊，包上保鮮膜。

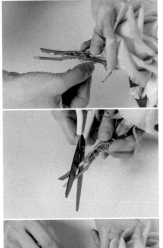

09 插入蛋糕，再插上裝飾字卡，完成。

No.8E

珍珠糖迷你泡芙 泡芙

• 材料

泡芙
（P.18~19）

No.8F
玫瑰花杯子蛋糕　杯子磅蛋糕 + 覆盆子玫瑰花醬

• 材料

柳橙奶油磅蛋糕　3 個
（杯子蛋糕紙模）

覆盆子玫瑰花醬
（P.94~95）

食用玫瑰花瓣　　適量

9 典雅中式復古婚禮派對

囍字小花餅乾 基礎餅乾＋糖霜

01 粉色流性糖霜填滿餅乾，然後進食物烘乾機烘乾。

02 將描囍圖案的吸油面紙放在餅乾上，再用食用色素筆在餅乾上描出圖案。

03 紅色硬糖霜延著餅乾描繪的字型，然後擠出囍字。

04 用白色硬性糖霜黏上五瓣花。

05 綠色硬性糖霜裝入三明治袋中，袋口剪 V 型，擠出葉子。

06 白色硬性糖霜擠出花芯，放上彩色糖球。

牡丹糖霜刺繡餅乾 基礎餅乾 + 糖霜

01 紅色流性糖霜填滿餅
乾,然後進食物烘乾
機烘乾。

02 白色硬性糖霜擠出花
瓣外框,筆刷沾水,
由外往花心內刷。

03 中心擠硬性糖霜黏上
糖球做花蕊;綠色硬
性糖霜裝入三明治
袋,袋口剪V型,擠
出葉子,進食物烘乾
機烘乾。

04 金粉加上伏特加調
勻,用筆刷刷金裝飾。

招財貓棉花糖 棉花糖

● 作法

01　棉花糖糊擠出半圓的
　　身體。

02　擠出耳朵。

03　擠出左右手。

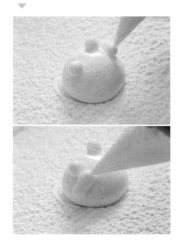

04　粉色棉花糖擠在兩邊
　　白耳朵上。

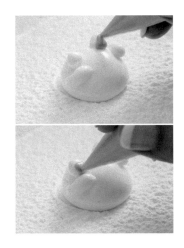

05　粉色棉花糖擠鼻子。

06　黃色棉花糖擠出金幣。

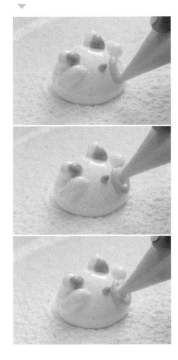

07　竹碳粉調食用水，畫
　　出眼睛，金幣上寫千
　　萬兩。

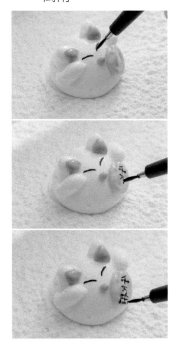

08　抹茶粉調食用水，畫
　　出花;黑色繪製嘴巴。

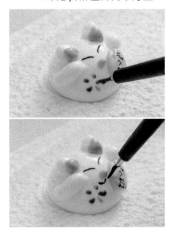

09　放入冷藏 30 分鐘待棉
　　花糖凝固後，撒上玉
　　米粉，用刷子把多餘
　　玉米粉刷掉，完成。

No.9D
鶴囍蛋糕

磅蛋糕 + 翻糖

• 材料

六吋磅蛋糕 （P.12~16）	2 顆
翻糖披覆約	800g
金色色粉	適量
伏特加	適量

• 作法

01 列印喜歡的吉祥字與圖案，用美工刀小心切割。

02 擀開白色翻糖，放上紙吉祥字，美工刀仔細切割。

03 金色色粉與伏特加調勻（使用任意酒精濃度高的食用酒），繪製吉祥字翻糖。

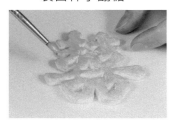

04 磅蛋糕（已披覆）放上紙圖案，用針筆描出邊框。

05 取下紙，用作法 3 金粉伏特加描繪圖樣。

06 配件以食用膠水組合。（若配件較重會滑落，可以用珠針固定，待膠水乾後再移除）
▼

牡丹蛋糕 磅蛋糕 + 翻糖

● 材料

義式奶油霜 （P.25）	適量
披覆翻糖	約 800g
各色翻糖	適量

● 作法

01 六吋磅蛋糕抹義式奶油霜疊在一起，冷凍至硬，披覆翻糖。準備大到小相同款式的花形模。

POINT!

★ 模具不一定要買一樣的，也可用水滴型模具壓模，基本上只要把動態做出來就會很逼真。

02 粉色翻糖擀開，模具由大到小壓模。

03 工具由邊緣朝內裹推，做出花卉蜷曲弧度，捏出適量皺褶製作垂墜感。

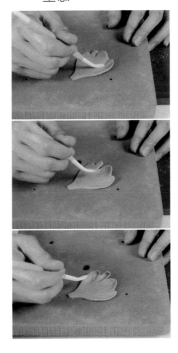

04 配件以食用膠水組合，由大貼到小，由外層往內層貼。注意花卉動態，不可貼成平面的（花瓣外圍不抹膠水），一片一片貼，要保留立體感。

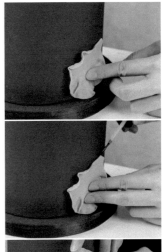

龍眼甜米糕

● 材料

方形塑膠杯（4 杯）

圓糯米	75g
水	65g
龍眼乾	10g
細砂糖	15g
蘭姆酒	15g
沙拉油	10g

01　圓糯米掏洗乾淨，與適量清水浸泡 2 小時。

02　瀝乾水分，加入配方水、切成小丁的龍眼乾，放入電鍋內鍋，外鍋倒入 1 米杯水（約 180g），蒸至按鍵跳起來。

03　拌入細砂糖及蘭姆酒、沙拉油，外鍋放半杯水，再次蒸約 5 分鐘，取出稍微冷卻，填入容器中，放涼即可食用。

Memo

皇冠糖霜餅乾 基礎餅乾 + 糖霜

●作法

01　白色流性糖霜填滿餅乾，然後進食物烘乾機烘乾。

02　描皇冠圖騰的吸油面紙放在餅乾上，再用食用色素筆在餅乾上描出圖案。

03　白色硬性糖霜擠滿鑽石，沾細砂糖。

04　白色硬性糖霜延著線條，擠出圖騰。

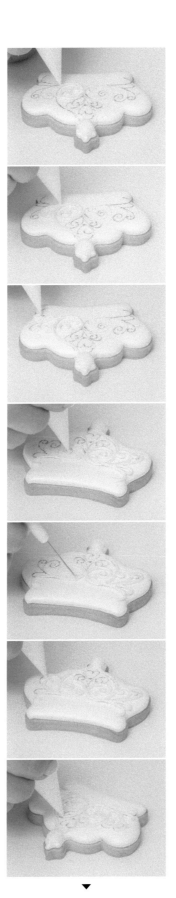

05　筆刷沾古銅金金漆，刷滿圖騰。

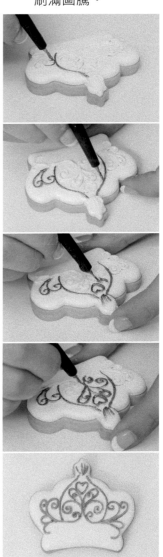

禮服糖霜餅乾 基礎餅乾 + 糖霜

• 作法

01 白色硬性糖霜勾畫出禮服，擠出適量白色流性糖霜，用筆刷刷出紋路，進食物烘乾機烘乾。

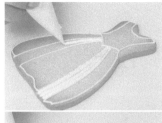

02 白色流性糖霜跳格填滿餅乾，進食物烘乾機烘乾。

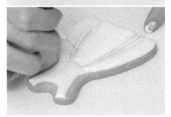

03 白色翻糖用蝴蝶結模壓出蝴蝶結；花模壓出花，剪刀修掉多餘翻糖。

04 擠適量硬糖霜將配件黏在餅乾上。

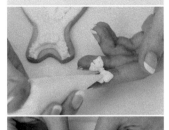

05 白色硬糖霜在裙子上擠點點裝飾。

06 白色糖珠當花芯；用珍珠白食用漆塗滿裝飾翻糖。

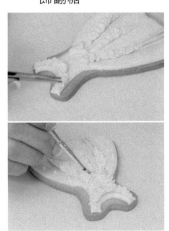

玫瑰花棒馬林糖 馬林糖

• 作法

01 馬林糖糊裝入擠花袋中，使用 SN7082 的花嘴。

02 擠一小點馬林糖糊，放上糖果棒。

03 順時針擠一圈。

04 黃色馬林糖糊裝入三明治袋，前端剪一小洞，擠點點。

05 綠色馬林糖糊裝入三明治袋，前端剪V字，擠出葉子。

06 送入預熱好的烤箱，以上下火 80°C 烤到輕撥可以拿下馬林糖，不會黏在烘焙紙上。

07 烘烤後，刷上珍珠白食用漆。

皇家風格
三層婚禮蛋糕

翻糖蛋糕＋威化紙花

材料

四吋磅蛋糕 （P.12~16）	1 顆
六吋磅蛋糕 （P.12~16）	1 顆
八吋磅蛋糕 （P.12~16）	1 顆
披覆翻糖	約 1600g
食用金漆	適量
糯米紙花	適量

作法

大理石紋路翻糖

01 白色翻糖放上深淺兩色長條狀的翻糖，用擀麵棍壓實、捲起，再捲成鍋牛殼般的圓形，壓扁擀開。

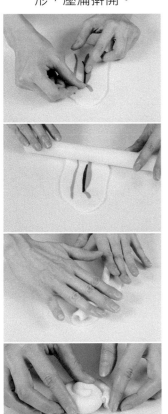

02 若覺得紋路不夠多，或想要再增加更多大理石紋路，可重複上述的步驟，重新擀開，再披覆到蛋糕上。

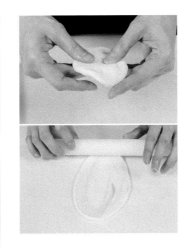

簡易糯米紙牡丹花

03 可準備 3 種大小不同的圓形，修剪成下方水滴形。

04 修剪上方，讓花瓣有些有凹槽會更逼真。

05 在底部剪一刀，剪至花瓣中心。

06 噴上糯米紙塑形專用水（也可用高濃度透明酒精替代）。

（續下頁）

（承前頁）

07 將剪好的花瓣放至半
圓形的模中壓一下，
讓花瓣塑形成半圓
狀。(可用半圓的矽
膠模加上相對應的保
麗龍球替代，也可用
矽膠土自製各種尺寸
的半圓模型)。重複
此動作，完成大中小
各 10 片左右的花瓣。

08 製作花蕊，將市售現
成花蕊約 6~8 根集成
一束，用細鐵絲綁緊
（30 號鐵絲），再固
定到 22 號鐵絲。

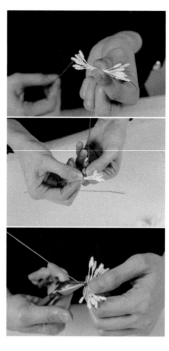

09 保麗龍球剖半，將上
述花蕊穿過保麗龍球
固定。

10 取一張圓形的糯米紙
包覆半圓形保麗龍
球，用食用膠水牢牢
黏住。

11 由小花瓣開始黏上半圓
保麗龍球，可微微遮
住一些花蕊，有間隙的
層層往外黏。重複此作
法，黏上小型及中型
的花瓣約 20 瓣。

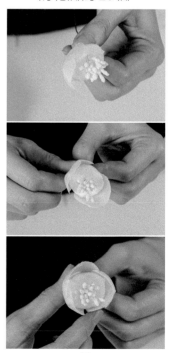

12 外層的大花瓣需要加上鐵絲幫忙固定，先在鐵絲前面夾出小彎鉤，在一片花瓣上刷食用膠水，放上鐵絲，再黏上另一片大花瓣，調整角度，每根鐵絲前後可黏上 2~3 片花瓣組合。

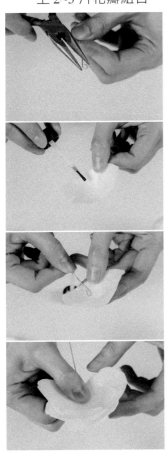

13 將組合好的大花瓣排列到花上，然後用花藝紙膠帶固定好。最後再調整花瓣開闔的程度。

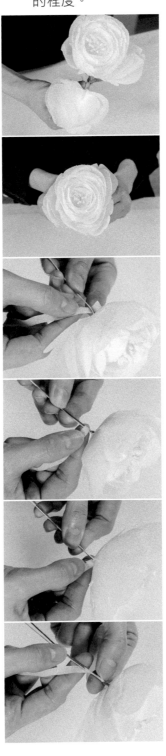

14 金粉調合伏特加，調成金漆，輕刷花瓣的花蕊及外緣，增加花朵層次。將所有配件組合完成。

皇冠甜甜圈造型蛋糕 棒棒糖塑形蛋糕＋翻糖

● 材料

市售迷你巧克力甜筒	適量
棒棒糖塑型蛋糕（P.17）	適量
白色翻糖	適量
白巧克力	適量
金色色粉	適量
伏特加	適量

● 作法

01 棒棒糖塑型蛋糕用模具壓出甜甜圈造型，插入糖棒。

02 白巧克力隔水加熱融化，手捉著糖棒，趁白巧克力融化、呈液狀時，放入棒棒糖塑型蛋糕沾裹，取出黏在甜筒上，移除糖棒。

03 皇冠模具撒玉米粉（防沾黏），放入白色翻糖壓密實塑形。

04 金色色粉與伏特加調勻（使用任意酒精濃度高的食用酒），刷上作法3皇冠翻糖。

05 配件以隔水加熱融化的白巧克力組合，待巧克力凝固後就會牢牢固定。

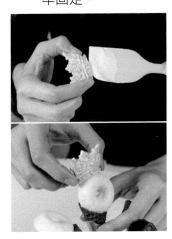

莓果乳酪慕斯杯

- 材料

份量：慕斯杯 5 杯

- 餅乾底

牛小妞巧克力餅乾粉	50g
無鹽奶油	20g

- 莓果慕斯

蛋黃	60g
細砂糖（A）	40g
白美娜濃縮牛乳	100g
覆盆子果泥	50g
藍莓果泥	20g
吉利丁片	9g
動物性鮮奶油	300g
細砂糖（B）	10g

- 裝飾

新鮮奇異果	適量
新鮮黑莓、覆盆子、藍莓	適量

● 作法

01 吉利丁片用冰水泡軟，擠乾備用。

02 餅乾底：有柄鋼鍋加入無鹽奶油，中火加熱至融化，離火，倒入牛小妞巧克力餅乾粉拌勻。

03 倒入慕斯杯底部，略微壓實。

04 莓果慕斯：蛋黃、細砂糖（A）用手持打蛋器打至微微發白。覆盆子果泥、藍莓果泥加熱至 50℃。

05 有柄鋼鍋加入白美娜濃縮牛乳，小火加熱（避免燒焦），加熱至邊緣冒泡泡。

06 沖入作法 4 蛋黃糊中，電動打蛋器低速打勻。

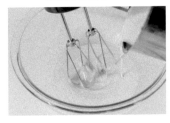

07 再倒回有柄鋼鍋中，小火加熱至濃稠狀，離火放涼。

08 放涼溫度約 60℃ 以下，再倒回圓盆，加入擠乾的吉利丁片拌至融化。

09 倒入溫度約 50℃ 的覆盆子果泥、藍莓果泥拌勻。

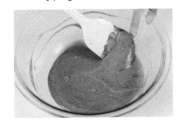

10 乾淨鋼盆加入動物性鮮奶油、細砂糖（B），一同打至有紋路，約六分發。

11 打發鮮奶油分兩次與作法 9 拌勻。

12 倒入慕斯杯中，搖晃、輕震慕斯杯，把空隙填滿，冷藏至凝固。

13 待材料凝固後放上裝飾水果。

K24包裝材料專門店

豐富新穎的產品種類及便利的配送服務
期待能透過分享，與您一同體驗手作的樂趣

磅蛋糕烘烤紙模

慕斯甜點杯

便利性

交貨迅速，滿足小量訂購需求

豐富情報

提供最新流行資訊與知識

多元產品種類

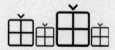

近千種嚴選商品，質感實用兼具

甜點包裝袋

Website:www.k24.com.tw
Line@ ID:jju806lx
Instagram:k24_pack

耐熱烤模

Baking 21

夢幻造型派對

造型提案 ╳ 調色技巧 ╳ 精巧拆解 ╳ 實作訣竅

零 基 礎 入 門

國家圖書館出版品預行編目 (CIP) 資料

夢幻造型派對 / 謝明瑾 , Irene 著 . -- 一版 . -- [新北市]：優品文化事業有限公司，
2023.06 176 面；19x26 公分 . --
(Baking ; 21)

ISBN 978-986-5481-44-5 (平裝)

1.CST: 點心食譜

427.16   112008208

作　　者 ‣ 謝明瑾、Irene

總 編 輯 ‣ 薛永年

美術總監 ‣ 馬慧琪

文字編輯 ‣ 蔡欣容

攝　　影 ‣ 王隼人

出 版 者 ‣ 優品文化事業有限公司

　　　　　電話：(02)8521-2523

　　　　　傳真：(02)8521-6206

　　　　　Email：8521service@gmail.com (如有任何疑問請聯絡此信箱洽詢)

　　　　　網站：www.8521book.com.tw

印　　刷 ‣ 鴻嘉彩藝印刷股份有限公司

業務副總 ‣ 林啟瑞 0988-558-575

總 經 銷 ‣ 大和書報圖書股份有限公司

　　　　　新北市新莊區五工五路 2 號

　　　　　電話：(02)8990-2588

　　　　　傳真：(02)2299-7900

網路書店 ‣ www.books.com.tw 博客來網路書店

出版日期 ‣ 2023 年 6 月

版　　次 ‣ 一版一刷

定　　價 ‣ 380 元

上優好書網

LINE
官方帳號

Facebook
粉絲專頁

YouTube
頻道

夢幻造型派對　　　**讀者回函**

♥ 為了以更好的面貌再次與您相遇，期盼您說出真實的想法，給我們寶貴意見 ♥

姓名：	性別：□ 男 □ 女	年齡：　　　歲
聯絡電話：（日）　　　　　　　　　　（夜）		
Email：		
通訊地址：□□□-□□		
學歷：□ 國中以下 □ 高中 □ 專科 □ 大學 □ 研究所 □ 研究所以上		
職稱：□ 學生 □ 家庭主婦 □ 職員 □ 中高階主管 □ 經營者 □ 其他：		

● 購買本書的原因是？
　　□ 興趣使然 □ 工作需求 □ 排版設計很棒 □ 主題吸引 □ 喜歡作者 □ 喜歡出版社
　　□ 活動折扣 □ 親友推薦 □ 送禮 □ 其他：＿＿＿＿＿＿＿＿＿

● 就食譜叢書來說，您喜歡什麼樣的主題呢？
　　□ 中餐烹調 □ 西餐烹調 □ 日韓料理 □ 異國料理 □ 中式點心 □ 西式點心 □ 麵包
　　□ 健康飲食 □ 甜點裝飾技巧 □ 冰品 □ 咖啡 □ 茶 □ 創業資訊 □ 其他：＿＿＿＿＿

● 就食譜叢書來說，您比較在意什麼？
　　□ 健康趨勢 □ 好不好吃 □ 作法簡單 □ 取材方便 □ 原理解析 □ 其他：＿＿＿＿＿

● 會吸引你購買食譜書的原因有？
　　□ 作者 □ 出版社 □ 實用性高 □ 口碑推薦 □ 排版設計精美 □ 其他：＿＿＿＿＿

● 跟我們說說話吧～想說什麼都可以哦！

24253 新北市新莊區化成路 293 巷 32 號

上優文化事業有限公司　收
(優品)

夢幻造型派對　**讀者回函**

（請沿此虛線對折寄回）

優品文化事業有限公司
電話：(02)8521-2523
傳真：(02)8521-6206
信箱：8521service @ gmail.com

上優好書網　　FB 粉絲專頁　　YouTube 頻道